高等职业教育土木建筑大类专业系列规划教材

园 林 美 术

任全伟　主编

清华大学出版社

北 京

内 容 简 介

本书包括绪论、素描、园林钢笔画、静物色彩、钢笔淡彩、彩铅、马克笔加彩铅七大部分。全书文字简明扼要，同时配有大量图示及范画，清晰呈现绘画知识及训练步骤，以及园林手绘的表现方法。部分训练后附有作品赏析，供学生临摹。本书在培养学生造型能力的基础上，力争使学生具备初步表现园林景观的能力，为后续园林设计专业的学习奠定良好的审美基础。

本书可作为大学本科和高职高专园林、风景园林、园林工程、园艺、环境艺术设计、城市规划等专业的学生用书和教师用书，也可作为相关专业人员的参考书。

本书封面贴有清华大学出版社防伪标签，无标签者不得销售。

版权所有，侵权必究。侵权举报电话：010-62782989　13701121933

图书在版编目（CIP）数据

园林美术 / 任全伟主编 . — 北京：清华大学出版社，2018
（高等职业教育土木建筑大类专业系列规划教材）
ISBN 978-7-302-50413-9

Ⅰ.①园…　Ⅱ.①任…　Ⅲ.①园林艺术 – 绘画技法　Ⅳ.① TU986.1

中国版本图书馆 CIP 数据核字（2018）第 123024 号

责任编辑：杜　晓
封面设计：大森林文化
责任校对：赵琳爽
责任印制：丛怀宇

出版发行：清华大学出版社
　　　　网　　　址：http://www.tup.com.cn, http://www.wqbook.com
　　　　地　　　址：北京清华大学学研大厦 A 座　　　　　　邮　　编：100084
　　　　社 总 机：010-62770175　　　　　　　　　　　　邮　　购：010-62786544
　　　　投稿与读者服务：010-62776969, c-service@tup.tsinghua.edu.cn
　　　　质量反馈：010-62772015, zhiliang@tup.tsinghua.edu.cn
印 装 者：北京嘉实印刷有限公司
经　　销：全国新华书店
开　　本：185mm×260mm　　　　　印　　张：10　　　　　字　　数：205 千字
版　　次：2018 年 8 月第 1 版　　　　　印　　次：2018 年 8 月第 1 次印刷
定　　价：49.00 元

产品编号：079239-01

前　言

　　本书根据园林风景、规划设计、园林工程、园林技术专业培养计划的要求，有针对性地选择相关的美术教学内容，使学生了解从事本专业相关职业岗位所必需的绘画基础理论知识，掌握园林绘画的基本方法，培养一定的园林审美能力和园林绘画表现能力，能独立完成素描、色彩的造型。本书突出了园林钢笔画的手绘表现，增加了钢笔淡彩、彩色铅笔、马克笔手绘表现内容，并结合后续课程的特点，为园林设计图的表现打好基础。

　　本书具有以下特点。

　　（1）本书通过以模块为单元的教学活动，以训练任务为驱动，理论与实践一体化，教、学、做一体化，让学生走入绘画实景，使学生在写生操作训练中掌握素描、色彩、园林景观要素手绘表现的基础知识和基本技法，并能融会贯通地进行多方面、多元素的概括和表现，能够通过对不同的空间环境学习和描绘训练进行创意，同时增强了学生对园林美术的情感认知。在完成各项训练任务过程中，注意培养诚信、刻苦、善于沟通和合作的品质，树立全面、协作和团结意识，为发展职业能力奠定良好的基础。

　　（2）本书文字简练，图文并茂，实例步骤细致全面。书中采用的大部分图片均来自教师在实际教学实践中的效果图，使学生尽可能贴近工作实际，锻炼动手能力，培养独立完成实际工作任务的能力，为今后的就业打下坚实的基础。

　　本书由任全伟主编并统稿。主要分工如下：许泽萍负责编写绪论；许泽萍、林旭东负责编写模块1训练6、模块3训练1~训练5的内容。王一楠、许泽萍、廖漫云负责编写模块1训练1~训练5的写生部分；任全伟、吴雅君负责编写模块2、模块4~模块6；张芮捷负责编写模块3文字部分，王卓识、柴志茹、王旭负责模块2和模块6图片的调整和编辑工作。

在本书出版之际，特别感谢本书编写团队的信任和指导；感谢学院领导对本书的大力支持。编写过程中中国美术学院的李涛提供了部分优秀手绘作品，芮丽丽提供了部分优秀水彩图例。本书在编写过程中还选用了其他的一些文献资料，在此一并表示诚挚的感谢。由于编者水平有限，书中不足之处在所难免，望广大读者批评指正。

任全伟

2018 年 1 月

目 录

O 绪 论

谈到美术，人们首先想到的是画，从涂鸦到壁画，从古希腊的建筑雕塑到意大利文艺复兴的绘画，甚至现实生活中许多美好的事物，等等。人们喜欢美术，欣赏美术，但是，到底什么是美术呢？园林与美术又有什么关系呢？请跟随本书，一同去探寻园林美术的世界吧。

0.1 美术

美术是艺术的一个主要门类，在艺术的分类中又叫造型艺术或视觉艺术，它是以一定的物质材料，塑造可视的平面或立体形象，表达人们对客观世界的感受的艺术形式。具体来说就是通过运用线条、体面、明暗、色彩等造型语言，再现生活。

美术按照物质材料和制作方法的不同，一般分为绘画、雕塑、工艺美术、建筑、书法、篆刻、摄影、设计等，每个门类又可细分为许多品种。根据创作目的，美术还可以分为纯美术和应用美术。纯美术主要是满足欣赏和娱乐等精神需求，以审美为目的，主要包括绘画、雕塑、书法、篆刻、摄影等；应用美术是以实用为目的，实用与审美相结合，包括建筑、设计和工艺美术等。

1. 绘画

绘画是运用点、线、面、造型、色彩、肌理、光感等手段，在二维平面上塑造艺术形象的一种美术形式。绘画的主要构成元素是线条、色彩、构图等，通过对线条、色彩等的不同处理造就了视觉语言的丰富性，使人们产生视觉感受。画家通过绘画作品向人们传达自己的情感，体现了绘画的艺术价值。基本的绘画种类有：油画、中国画、素描、水粉、水彩等。

1）油画

油画是将特定的植物油调和成颜料，在亚麻布、纸板或木板上塑造艺术形象的绘画形式。油画颜料的色质稳定，有较强的硬度，不透明，覆盖力强，色彩艳丽，立体感强。油画晾干后能长期保持光泽，因此油画是西方绘画的主要画种，其使用极为广泛（图 0-1-1 ～图 0-1-4）。

❖ 图　0-1-1

❖ 图　0-1-2

❖ 图　0-1-3

2）中国画

中国画简称国画，是用中国特有的毛笔、墨以及国画颜料，在宣纸或绢上作画。中国画主要用线条、墨色来表现形体、质感，是我国传统绘画的主要种类。中国画通过诗、书、画、印相结合展示了中国画独特的美，充满诗情画意（图0-1-5～图0-1-7）。

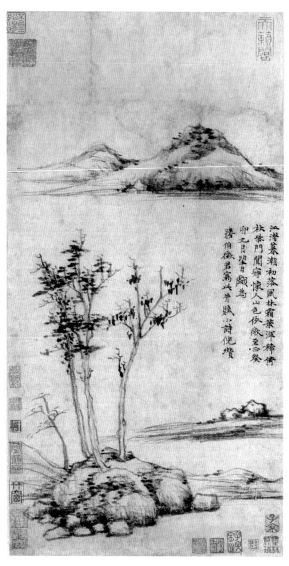

❖ 图 0-1-5   ❖ 图 0-1-6

宿雨清畿甸

朝陽麗帝城

豐年人樂業

隴上踏歌行

❖ 图 0-1-7

3）素描

素描是用木炭、铅笔、钢笔等工具，通过线条来表现物体形体、明暗的单色画。素描是一切造型艺术的基础，是画家和设计师表达自己思想并实现自己作品的途径，是基本的视觉化表达语言之一（图 0-1-8 和图 0-1-9）

❖ 图　0-1-8

❖ 图　0-1-9

4）水粉

水粉是用水和粉质颜料调和在一起绘制而成的画。其色彩鲜亮，覆盖力强，同时具有相对的透明性（图 0-1-10 ～图 0-1-12）。

❖ 图 0-1-10

❖ 图 0-1-11

❖ 图 0-1-12

5）水彩

水彩画历史悠久，由于其颜料用量小、干得快、便于携带和清洗，所以长期以来受到许多绘画爱好者的青睐，特别是建筑、风景园林设计师更是把它当作主要的工具（图 0-1-13 和图 0-1-14）。

❖ 图　0-1-13

❖ 图　0-1-14

2. 雕塑

雕塑是用可雕刻和可塑造的物质材料，制作出具有空间可视、可触的实体形象（图 0-1-15 和图 0-1-16）。

❖ 图 0-1-15   ❖ 图 0-1-16

3. 工艺美术

工艺美术是指对日常用品进行艺术化处理，使之成为具有审美价值的产品（图 0-1-17 和图 0-1-18）。

❖ 图 0-1-17   ❖ 图 0-1-18

4. 建筑

建筑是技术与艺术、实用与审美相结合的产物。建筑艺术高度概括地反映出当时当地的社会面貌和人文特征。建筑艺术运用独特的艺术语言，使建筑具有文化价值和审美价值、象征性和形式美，体现出民族性和时代感（图 0-1-19 和图 0-1-20）。

❖ 图　0-1-19

❖ 图　0-1-20

5. 书法

书法是以汉字为表现对象，以毛笔为表现工具的艺术形式。书法家可借助精湛的运笔技法、生动的文字造型来表达其性格、趣味、学识、修养、气质等精神因素，给人以美感享受。书法艺术历史悠久、源远流长，书法集中体现了中华民族的睿智和情感,是中国的国粹艺术（图 0-1-21~图 0-1-24 ）。

❖ 图　0-1-21

❖图 0-1-22

❖图 0-1-23

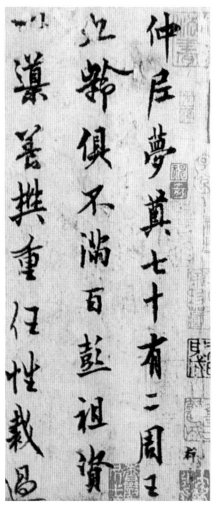

❖图 0-1-24

6. 版画

版画是以"版"为媒介，运用刀、笔或其他工具，在木板、金属板、石板等不同材料上进行雕刻、绘制、腐蚀等过程，再通过印刷完成的艺术品。版画风格形式概括、制作效果简单明快，是中国美术的一个重要门类，独特的表现形式使版画在中国文化艺术史中体现着丰富的文化价值和时代内涵（图 0-1-25）。

❖ 图 0-1-25

0.2 园林与园林美术

1. 园林

园林艺术是一门表达人与自然关系最直接、最紧密的综合艺术。园林艺术需要符合人的生活理念和审美需求，才能营造出自然、简洁、有秩序的游憩空间。东方自然式园林和西方规则式园林在整体形象、风格内涵上都呈现出较大的不同。中国传统自然观表现为崇尚自然、提倡自然美，因此，中国园林艺术着眼于自然美，追求一切服从自然，把人工美与自然美巧妙结合，体现出天趣盎然、气韵生动的风格（图 0-2-1）。而西方传统自然观表现为人定胜天的思想，强调人工创造之美，所以西方规则式园林艺术强调秩序感，讲究几何图案的组织，体现出布局均匀、秩序井然的风格，具有规整、严谨等特点（图 0-2-2）。

❖ 图 0-2-1

❖ 图 0-2-2

2.园林美术

园林美术是表现园林美的应用美术,介于园林设计和绘画艺术之间,是园林造景艺术与绘画艺术的有机结合。它以绘画艺术为基础,采用线条、明暗、色彩的造型手段以及素描、水彩、马克笔、彩铅等形式表现出园林设计图的理念。

1)园林美术与手绘效果图

手绘效果图是设计师表达设计理念最直接的视觉语言。在设计创意初级阶段,设计师通常采用手绘效果图进行表达,它能直接反映设计师构思时的灵光闪现,设计师通过勾勒不断推敲构思和完善设计,并发现、分析和解决问题,因此,手绘效果图是园林设计不可替代的、最为方便、快捷、经济有效的媒介(图 0-2-3~图 0-2-5)。

❖ 图 0-2-3

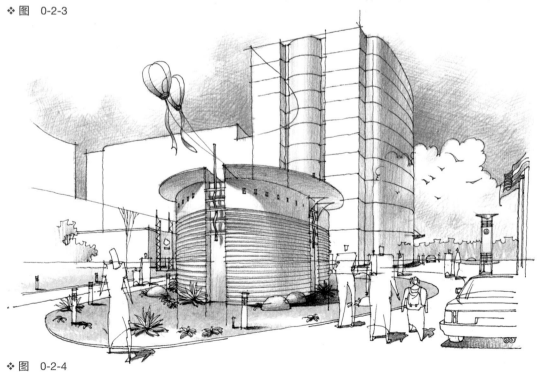

❖ 图 0-2-4

2）图案在园林设计中的应用

图案来源于自然，在其发展的过程中，沉淀着人类社会各民族优秀的文化传统和聪明才智，并具有自己独特的形式美。图案的形式简洁大方，单纯明快，飘逸流畅，体现出极强的象征性和装饰性，富有极强的节奏感和韵律美。因此，图案运用于园林设计中，能够营造园林的生态美、文化美和形式美。

首先，传统图案在古典园林建筑中的应用最为广泛。园林建筑中的平面布局借助传统图案使其蕴含深厚的文化意义和生动形象的景观效果，如将传统图案运用于铺砖、浮雕、地花以及园林建筑的屋门、漏窗、墙洞等设计中（图 0-2-6~ 图 0-2-9），引起人们的想象并赋予其文化内涵。其次，现代景观设计中也常将图案运用于园林植物平面布局与立面造型上，把抽象的图案进行物化，表现具体的园林景观，让人在具象的植物环境中感知艺术的魅力，同时，使园林呈现出巧妙、智慧、和谐的意境。

以图案创造的景观通常给人贴近自然、具有文化气息与亲和力的感官效果，也更具有文化性、社会性、民族性和世界性，因此，把图案应用于园林设计日益广泛且更加多样化。

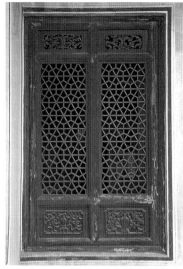

❖ 图 0-2-6

❖ 图 0-2-7

❖ 图 0-2-8

❖ 图 0-2-9

模块 1 素 描

1.1 素描基础知识

1.1.1 素描工具

素描常用工具有铅笔（图 1-1-1）、炭笔、木炭条、炭精棒、橡皮、画板和画夹、素描纸等。其中铅笔的铅芯根据软硬不同有不同等级。硬度以"H"为代表，如 1H、2H、3H、4H 等，数字越大，硬度越强，色度越淡；黑度以"B"为代表，如 1B、2B、3B、4B、5B、6B 等，数字越大，软度越强，色度越黑。

❖ 图　1-1-1

1.1.2 素描的表现方法

素描的执笔方法和写字的握笔姿势不同，通常是用拇指、食指和中指捏住铅笔，小指作为支点支撑在画板上（或悬空），靠手腕的移动画出线条（图 1-1-2）。只有在细部刻画时才会采用与平时写字握笔姿势相似的执笔方法，但依然是靠小指的支点来移动手腕（图 1-1-3）。

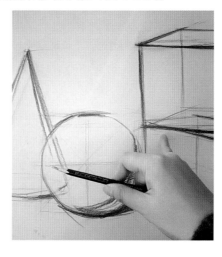

❖ 图　1-1-2（左）
❖ 图　1-1-3（右）

素描中线的表现方式灵活多样，线的轻重变化形成面的虚实凸凹变化（图1-1-4）。练习时从顺手方向画线排线，排线要有次序（图1-1-5），重叠平行排线，在排完一遍线后，再重叠二遍三遍线条。这时线条几乎看不见，成为一个完整的色块（图1-1-6）。初学者要反复练习绘制各种线条，如直线、重叠、平铺，还要练习绘制线条由深到浅的渐变（图1-1-7）。

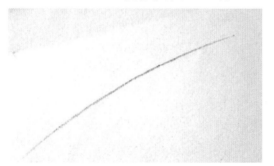

❖ 图　1-1-4　　　　　　　　　　　❖ 图　1-1-5

❖ 图　1-1-6　　　　　　　　　　　❖ 图　1-1-7

1.1.3　素描基本概念

1. 素描的构图方法

在画面中找出最高点、最低点、最左点和最右点，并用长直线画出它们的轮廓。用直线将所有物象基本外形的轮廓点轻轻地勾勒、连贯起来，形成简易的构图种类，如三角形、四边形等；然后用基本的外形代表静物的各种造型。通常使用四边形进行概括。可按照物体的外形特征进行勾勒（图1-1-8和图1-1-9）。

❖ 图　1-1-8

2. 素描的形体结构和比例

形体是客观物象存在于空间的外在形式。任何物象都以其特定的形体存在。形体属于素描造型的基本依据和不变因素。形体可以分解为外形和体积两个因素，即形体的外轮廓和空间占有的体积。

形体结构是指对描绘物象在解剖结构和形体结构上的认识和理解。任何复杂的形体都可以概括为立方体、圆球体、圆柱体、圆锥体等基本的几何形体。在日常生活中更多的是多种几何形体按不同形式组合而成的物象（图 1-1-10~ 图 1-1-12）。

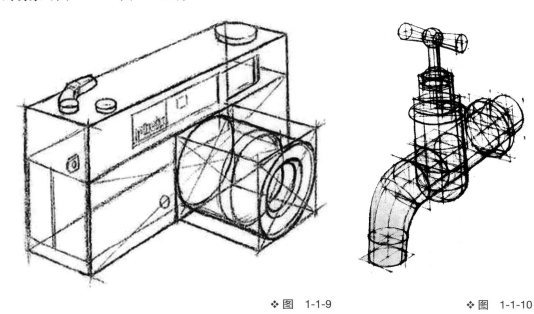

❖ 图 1-1-9   ❖ 图 1-1-10

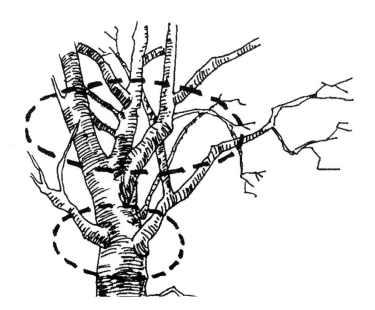

❖ 图 1-1-11

❖ 图 1-1-12

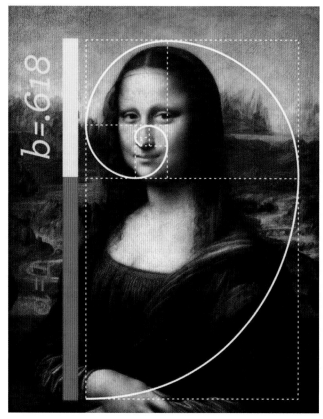

❖ 图 1-1-13

比例是指物体间或物体各部分的大小、长短、高低、多少、窄宽、厚薄、面积等诸方面的比较。不同的比例关系形成不同的美感。

任何物体的形体都是按一定的比例关系连接起来的，比例变了，物体的形体也就变了。因此基本比例的差错，将导致物体结构、形体认识和表现的错误。在素描写生的起始阶段，比例的意义尤其重要，比例关系是否正确直接影响画面形象是否准确。

表现比例关系的方法如下：首先要从整体出发确定大的比例关系，然后确定局部比例关系。在所有的比例关系中，黄金分割是最严谨、最能使人产生美感的比例，黄金分割的比值为 1 : 1.618（图 1-1-13）。

3. 透视形式

透视是一种视觉现象，是眼睛生理原因造成的假象。所谓透视变化，是通过视觉器官所产生的一种视觉反映。任何存在于空间的物体形象，都会产生不同的透视变化。例如，我们仔细观察立方体会发现，立方体是由大小完全相等的六个面组成，在最多能看到三个面的情况下，会产生透视变形，产生正方形形状的改变。

（1）透视有以下常用的名词（图 1-1-14）。

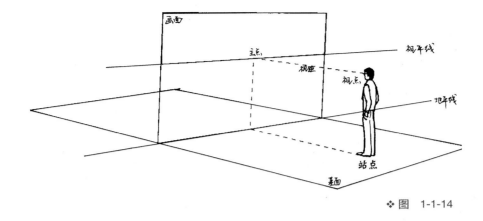

❖ 图 1-1-14

视点：指画者眼睛所处的位置。

视平线：与视点等高的一条假设的水平线。

基面：承载物体的水平面。

视距：从视点到画面的距离

灭点：消失点。

站点：画者与地面的交点。

主点：又称"中心点"，是指画者的眼睛正对视平线上的点。

原线：与画面平行的线。

变线：与画面所成角度线，也可称为产生透视变形的线。

（2）绘画透视规律："近大远小""近高远低""近实远虚"。

如门采尔绘画作品《从城墙洞远眺城市街道》（图 1-1-15）中表现出的近大远小、近高远低。

（3）一点透视。

一点透视定义：当立方体的一个面与画面平行，所产生的透视即为一点透视。

一点透视的特征：有一个灭点；有一个面始终与画面平行。

立方体的一点透视的基本形态见图 1-1-16。

一点透视的应用：一点透视的竖向、横向均平行，所有的透视线都与灭点相连，所以这种透视整齐、稳定。

一点透视适宜表现场面宽广、深远的景象，图面透视层次明确，更重要的是灭点在图面内，且只有一个灭点。同时其作图较为简洁方便，因此被广泛应用于表现图的绘制（图 1-1-17）。

❖ 图　1-1-15

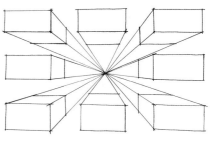

❖ 图　1-1-16

（4）两点透视。

两点透视定义：当立方体的两个侧立面与画面成一定夹角，水平面与基面平行，所产生的透视称为两点透视，也称为成角透视。

两点透视的特征：立方体所有体面失去原有的正方形特征；立方体中和画面平行的线（即原线）不产生变化，和画面成角的线（即变线）消失于两边的灭点（图 1-1-18）。

两点透视的应用：因有两个灭点，所以两点透视绘图立体效果较强。初学者可以将灭点固定，熟练后再凭感觉表现透视关系。两点透视的画面效果比一点透视更生动、自由、活泼，因能反映出主体的正、侧两面，

❖图　1-1-17

所以易表现出主体的体积感。需要
注意的是，在大多数情况下两点透
视中的两个灭点距离要尽可能远
一些，这样的绘图看上去透视角度
更恰当（图1-1-19）。

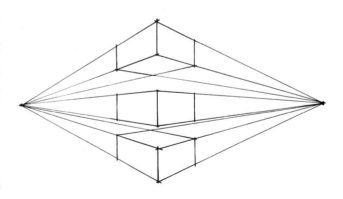

4. 结构素描

结构素描以线条为主要表现
手段，以研究对象本身的结构为
中心，不受光线的直接影响。观察
对象时，必须整体观察、整体比
较，再作画，分清主次和前后关系
（图1-1-20）。

❖图　1-1-18

❖ 图 1-1-19

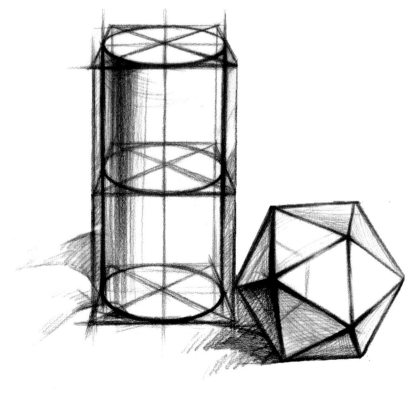

❖ 图 1-1-20

5. 光影素描

1）光影素描的基础知识

光影素描也称全因素素描。光影素描适宜立体地表现光线照射下物体的形体结构、质感和物体的空间距离感等，使画面形象更加具体，有较强的视觉效果。

物体在一定角度的光照下，会产生受光部分和背光部分两个既相互对比，又相互联系的明暗系统。明暗是构成完整的视觉表现的基础，它具有与线条同等重要的表现力。物体的明暗层次可概括为三大面、五大调子，它们以一定的色阶关系组成一个统一的整体，这就是明暗变化的基本规律。

2）三大面

三大面是指具有一定形体结构、一定材质的物体受光后所产生的明暗区域划分。物体受光后一般可分为三个大的明暗区域：亮面、暗面、灰面。受光线照射较充分的一面称为亮面；背光的一面称为暗面；介于亮面与暗面之间的部分称为灰面。我们也可将其称为黑、白、灰（图 1-1-21 和图 1-1-22）。

3）五大调子

物体受光时，由于物体结构存在着变化，因此其明暗层次的变化错综复杂，但这种变化具有一定的规律性，可将其归纳为"五大明暗调子"，即：高光、亮灰部、明暗交界线、反光、投影（图 1-1-23）。

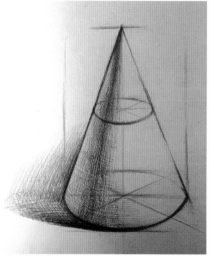

❖ 图 1-1-21

明暗是素描的基本要素之一，是描绘对象的立体与空间效果的重要因素。任何物体在光的照射下都会呈现出一定的明暗关系，光源的强弱、距离光源的远近及照射角度的不同，都会使物体呈现出不同的明暗效果。光是物体明暗形成的先决条件，也是物体明暗变化的外在因素（图 1-1-23 和图 1-1-24）。

❖ 图 1-1-22

❖ 图 1-1-23

❖ 图 1-1-24

1.2 单体立方体模型写生

1.2.1 正方体结构素描写生

❖图 1-2-1

结构素描需要根据形体的形状结构（以线为主），准确地表现出物体的内部结构和透视变化（图 1-2-1）。

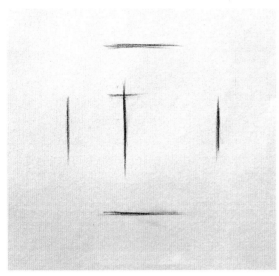

❖图 1-2-2

步骤1：观察正方体的整体造型及比例关系，用长直线在画纸上概括表现物体的形体和比例（图 1-2-2）。

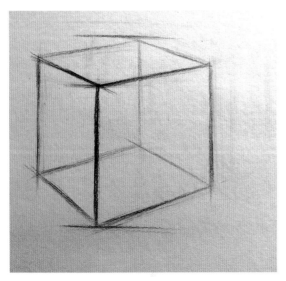

❖图 1-2-3

步骤2：画出正方体的倾斜线，初步确定造型，并通过线和面的比例来检查物体的形体和透视的准确性（图 1-2-3）。

步骤3：画出正方体的内部结构，确定物体的明暗交界线，并用线条的粗细、虚实来表现正方体的空间关系（图1-2-4）。

步骤4：从整体出发，进行全面的结构分析，并表现出物体大概的明暗关系，画出完整的正方体结构素描（图1-2-5）。

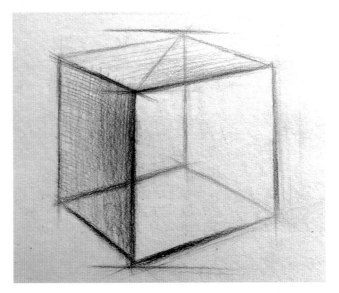

❖ 图 1-2-4

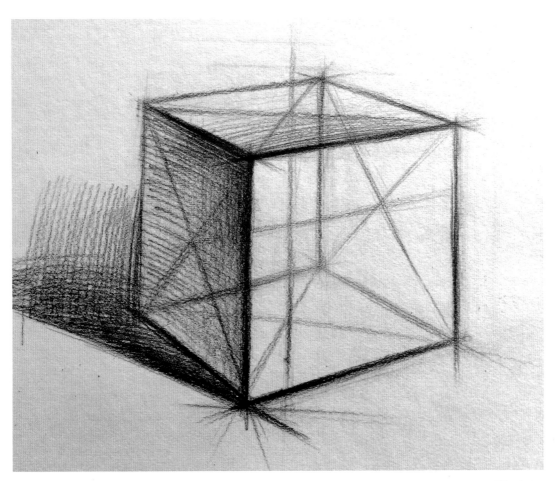

❖ 图 1-2-5

1.2.2　正方体光影素描写生

❖ 图　1-2-6

几何体学习是素描造型的基础，在学习过程中要正确地掌握观察方法和写生步骤。立方体是几种基础的几何形体单体之一，最容易观察形体的透视、比例以及体积关系。光影素描是通过光与影在物体上的变化，体现物体丰富的明暗层次，表现物体立体感、空间感的有力手段，对真实地表现物体具有重要的作用。

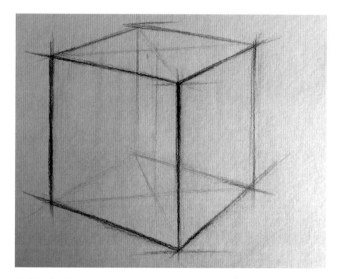

　1-2-7

步骤1：观察正方体（图1-2-6）的整体造型及比例关系，用长直线起稿，画出大致轮廓，注意近大远小的透视规律（图1-2-7）。

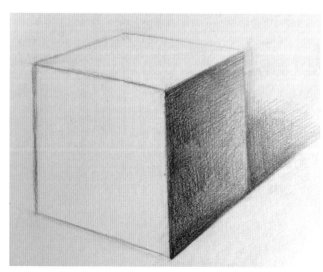

❖ 图　1-2-8

步骤2：调整正方体比例关系及透视的准确性，找到明暗交界线与投影，用长线大体分出黑、白、灰三个明暗层次，注意画面的整体性（图1-2-8）。

学习提示

对形体特征、结构关系、比例关系、透视关系、明暗关系、空间关系等造型因素的认识与判断，需要反复练习。

步骤3：深入刻画，把握好虚与实的尺度，加强体积感的塑造，使画面明暗层次逐步明朗，物体前后空间关系逐步加强（图1-2-9）。

❖ 图 1-2-9

1.3 单体圆球体模型写生

1.3.1 球体结构素描写生

认识和观察圆球体，理解并能画出球体的结构（图1-3-1）。

❖ 图 1-3-1

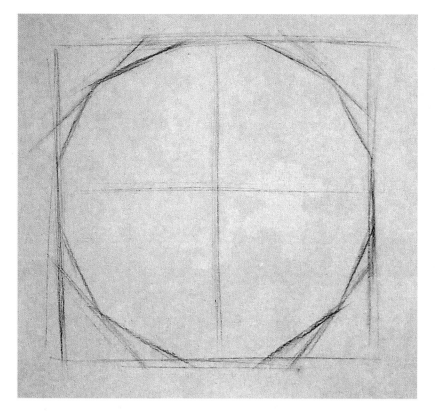

步骤1：画出一个正方形的轮廓，找出中线，从分出的四个小正方形中找出中点并连接（图1-3-2）。

❖ 图 1-3-2

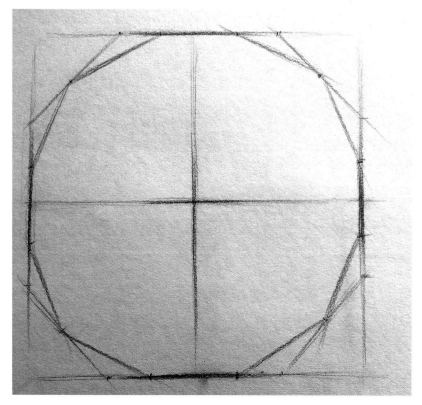

步骤2：在连接线上找出中点继续连接，渐渐切出圆的大致轮廓（图1-3-3）。

❖ 图 1-3-3

步骤3：修整外轮廓，画出透视线。注意椭圆透视前面弧线的弧度应略大于后面弧线的弧度（图1-3-4）。

步骤4：从整体出发，进行全面的结构分析，边缘线要有虚实变化，与结构线相交部分稍微重一些，并检查整个形体的透视是否准确（图1-3-5）。

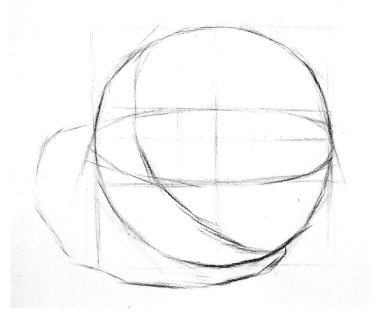

❖ 图 1-3-4

❖ 图 1-3-5

1.3.2　球体光影素描写生

认识和观察圆球体，理解并画出球体的光影。

步骤1：画出一个正方形的轮廓，找出中线，画出球的大致轮廓（图1-3-6和图1-3-7）。

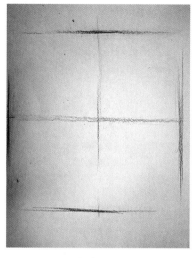

❖ 图　1-3-6

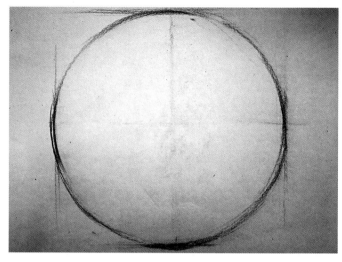

❖ 图　1-3-7

步骤2：找出明暗交界线，在球体上明暗交界线是一个弧形，同样用短直线衔接来表现这一弧形明暗交界线（图1-3-8）。

步骤3：画出大体明暗与背景，把握好虚与实的尺度，加强体积感的塑造，使画面明暗层次逐步明朗，物体前后空间关系逐步加强（图1-3-9）。

❖ 图　1-3-8

❖ 图　1-3-9

步骤 4：深入刻画，调整完成（图 1-3-10 和图 1-3-11）。

学习提示

　　球体是几种基础的几何形体单体之一。球体的外形是正圆，在不同的透视中它都不会发生变化。观察形体的透视、比例以及体积关系能够帮助初学者进行学习，因此需要反复加以练习。首先要确定光源、明暗交界线和投影，区分受光面与背光面，然后由浅入深，循序渐进，不能画得过黑。

❖ 图 1-3-10

❖ 图 1-3-11

1.4 单体圆柱体模型写生

❖ 图 1-4-1

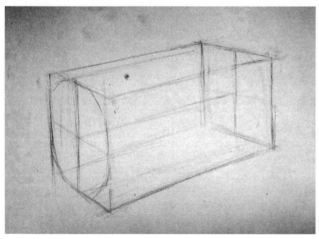

❖ 图 1-4-2

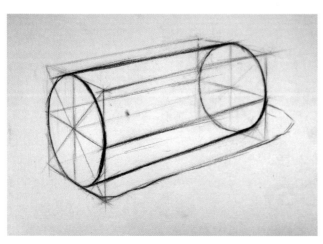

❖ 图 1-4-3

1.4.1 圆柱体结构素描写生

认识和观察圆柱体，理解并能画出圆柱体的结构关系（图 1-4-1）。

步骤1：观察圆柱体的整体造型及比例关系，在矩形中画出圆柱体两条直线边缘线，注意角度准确（图 1-4-2）。

步骤2：切出圆柱顶部椭圆边缘线，并画出底面轮廓。注意整个形体的透视关系（图 1-4-3）。

步骤3：确定底部边缘线，加深明暗交界线和投影部分，画出辅助结构线条，从整体出发，进行全面的结构分析，并大体表现物体的明暗关系，画出完整的圆柱体结构素描（图1-4-4）。

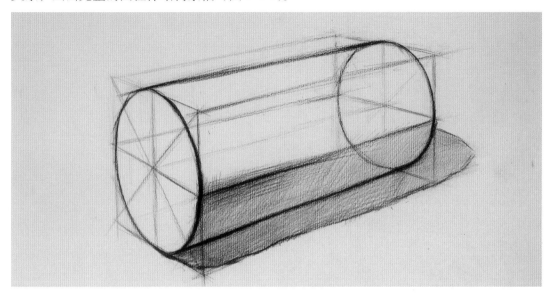

❖图 1-4-4

❖图 1-4-5

1.4.2 圆柱体光影素描写生

认识和观察圆柱体，理解并能画出圆柱体明暗关系（图1-4-5）。

学习提示

圆柱体是构成复杂形体的基础几何形体单体之一，只有反复练习，才能熟练地对形体特征、结构关系、比例关系、透视关系、明暗关系、空间关系等造型因素进行判断。

❖ 图 1-4-6

步骤1：观察圆柱体的整体造型及比例关系，画出物体的大致轮廓。注意透视圆的准确性（图1-4-6）。

❖ 图 1-4-7

步骤2：调整圆柱体造型及透视的准确性，找到明暗交界线与投影，大致画出黑、白、灰三个明暗层次。注意画面的整体性（图1-4-7）。

步骤3：深入刻画，把握好虚与实的尺度，加强体积感的塑造，使画面明暗层次逐步明朗，调整画面整体关系（图1-4-8）。

1.5 几何连贯体模型写生

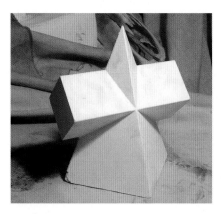

❖图 1-5-1

要注重培养学生对连贯体的观察分析和表现能力,并逐步从连贯体的表现中学习形体的明暗、光影、体积等的变化(图 1-5-1)。

学习提示

初学者需要注意体会不同部分的透视和比例关系,要先设一个视点和视平线,再用水平线、垂直线、斜线延伸等方法,准确画出物体。多个物体并存时,物体之间的比例、空间位置尤为重要。

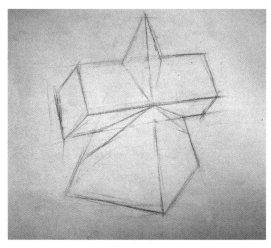

步骤 1:确定构图,简单画出几何形体形态。注意以直线取形。然后反复检查修改物体比例,多进行对比观察,注意物体之间的比例关系(图 1-5-2)。

❖图 1-5-2

步骤 2:找到形体的明暗交界线与投影,分开背光面和受光面(图 1-5-3)。

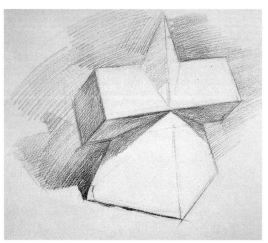

❖图 1-5-3

步骤3：深入刻画。铺大色调，加强明暗交界线（图1-5-4）。

步骤4：继续深入刻画，调整整体和局部的关系（图1-5-5）。

❖ 图 1-5-4
❖ 图 1-5-5

1.6 组合几何模型写生

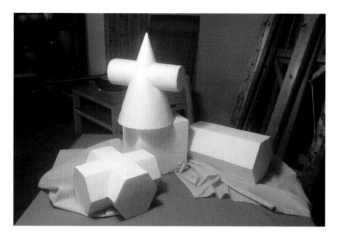

学习对组合形体的观察分析与表现能力，并从组合形体表现中学习形体明暗、光影、体积等的变化（图1-6-1）。

❖ 图 1-6-1

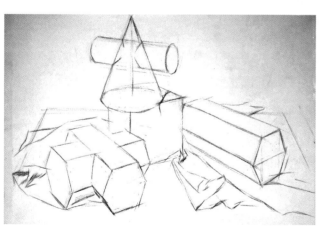

步骤1：将多个几何形体看成一个整体，确定画面大致位置和每个形体的基本轮廓（图1-6-2）。

❖ 图 1-6-2

步骤2：画出大体明暗关系、背光调子和背景关系。注意要整体画（图1-6-3）。

❖ 图 1-6-3

步骤3：深入刻画，注意调整整体和局部的关系（图1-6-4）。

步骤4：继续深入刻画，协调整体明暗关系（图1-6-5）。

❖ 图 1-6-4

❖ 图 1-6-5

学习提示

由于组合几何模型的写生是将多个几何形体看成一个整体，所以需要初学者注意体会不同部分的透视和比例关系。同时形体之间的关系也更为复杂，因此更加需要反复练习，才能熟练地对形体特征、结构关系、比例关系、透视关系、明暗关系、空间关系等造型因素进行判断。

作 品 赏 析

几何体写生作品见图 1-6-6~ 图 1-6-11。

❖ 图 1-6-6

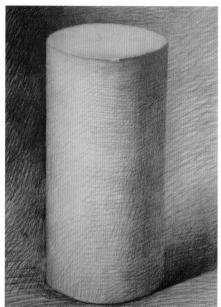

❖ 图 1-6-7

❖ 图 1-6-8

❖ 图 1-6-9

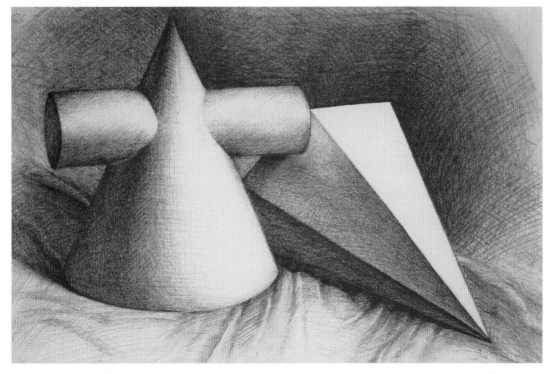

❖ 图 1-6-10

❖ 图 1-6-11

1.7 静物写生

图 1-7-1 是一种比较常见的三角形构图形式，罐子是画面的中心，其他物体分散开来，既形成画面陪衬关系，又增加了画面的空间，画面稳定且富有节奏变化。绘画时要着重刻画釉罐的质感，构图时在注意突出主体罐子的同时，也要把握好水果的疏密关系。

❖ 图 1-7-1

步骤1：用概括的线条整体表现物体的形体、比例和结构关系。注意物体主次得当，构图均衡而又富有变化，大致交代出衬布的形状与转折（图 1-7-2）。

❖ 图 1-7-2

步骤2：仔细观察物体，调整物体造型，找出明暗交界线，画出大体的明暗关系，拉开画面的空间关系（图 1-7-3）。

❖ 图 1-7-3

❖ 图 1-7-4

步骤3：铺大色调，从整体到局部，从大到小，从暗到亮进行明暗调子的推移。注意物体自身及物体与物体之间的明暗调子变化，逐步深入塑造对象的体积感（图1-7-4）。

步骤4：进一步调整色调、质感、空间、主次，丰富细节，注意釉罐与水果、衬布不同质感的表现，完成画面（图1-7-5）。

❖ 图 1-7-5

学习提示

　　静物素描写生是石膏几何体写生的延伸和发展，描绘的对象已不再是白色的石膏几何体，而是有各自特征、质感、颜色的物体。这就要求学生在绘画的过程中，不但要表现出物体的立体感和空间感，还要表现出物体的质感及颜色的对比。在绘画过程中，要注意表现出基本的素描关系，即画面中物体与物体的关系、物体自身各部分的关系、物体与光的关系、物体与背景的关系。

❖ 图 1-7-7

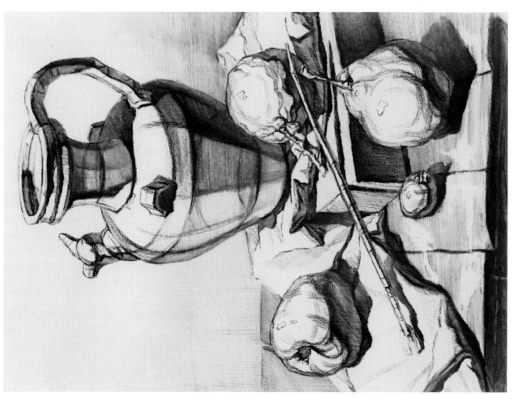

❖ 图 1-7-6

作品赏析

静物素描作品见图 1-7-6～图 1-7-12。

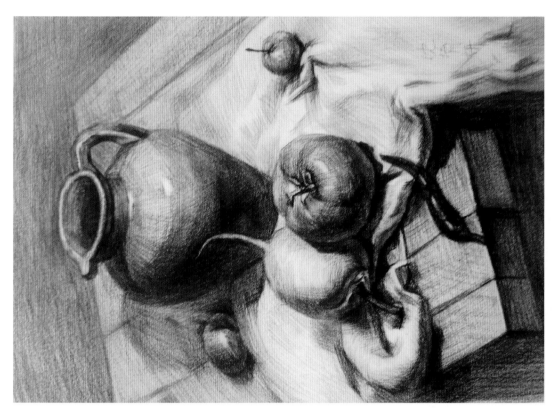

❖ 图 1-7-9

❖ 图 1-7-8

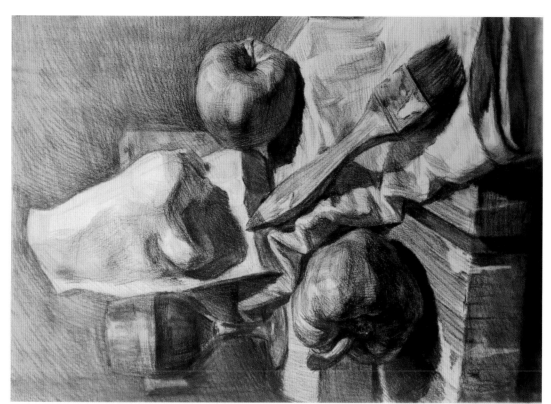

图 1-7-11

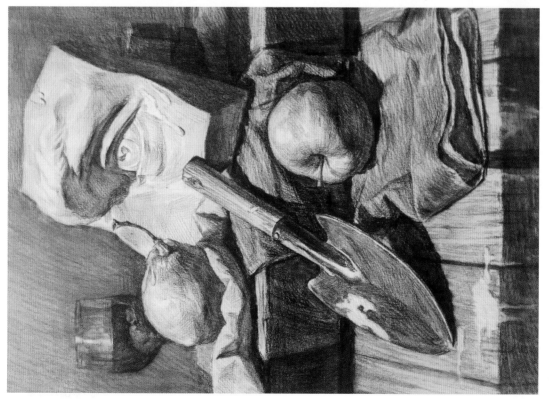

图 1-7-10

❖ 图 1-7-12

模块 2　园林钢笔画

2.1　园林钢笔画基础知识

2.1.1　园林钢笔画工具

园林钢笔画的基本工具包括美工笔、针管笔、复印纸等。用稍厚且浅色的复印纸、绘图纸效果较好（图 2-1-1）。

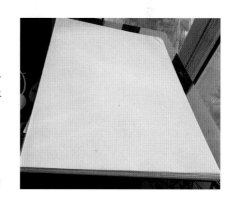

❖ 图　2-1-1

2.1.2　园林钢笔画的绘画技巧和构图方法

针管笔画图的顺序是先上后下、先左后右、先曲后直（图 2-1-2 和图 2-1-3）。横线画法：先上后下。竖线画法：先左后右（图 2-1-4 和图 2-1-5）。

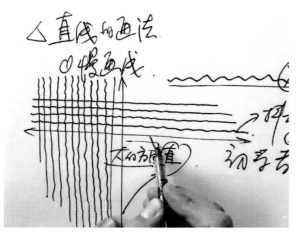

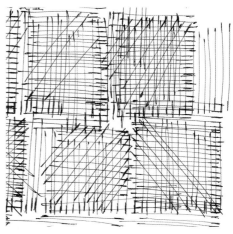

❖ 图　2-1-2　　　　　　　　　　　❖ 图　2-1-3

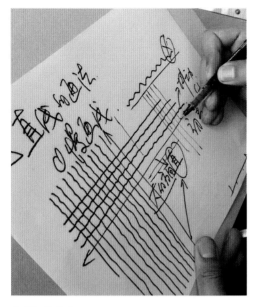
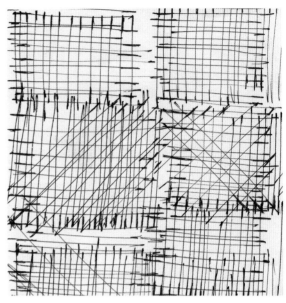

❖ 图　2-1-4 ❖ 图　2-1-5

　　构图是园林钢笔画表达意境和设计主题的基本手段之一。在构图中既要考虑天、地、左、右四点位置，又要考虑形与线的组织、均衡与节奏等因素。在构图上需要夸大某一部分，削弱或去掉另一部分。构图的形式主要有以下 5 种。

　　（1）三角形构图法：三角形给人以稳定、平静、完整的感觉。把画面等分成 3 份，每份中心都可以放置主体，简练、平稳，是最常见的构图形式（图 2-1-6）。

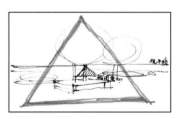

❖ 图　2-1-6

（2）Z形构图：Z形线条具有流畅、活泼的表现特征。不仅有利于加强景物的呼应关系，而且将观者的视线由近及远带入画面空间及意境之中（图2-1-7）。

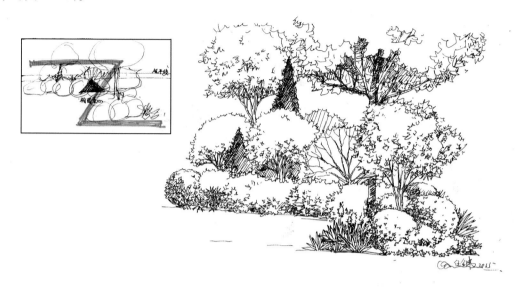

❖ 图　2-1-7

（3）U形构图：画面外围形成字母"U"。画面主体放在"U"字内，互相呼应，具有平衡、稳定、对应的特点（图2-1-8）。

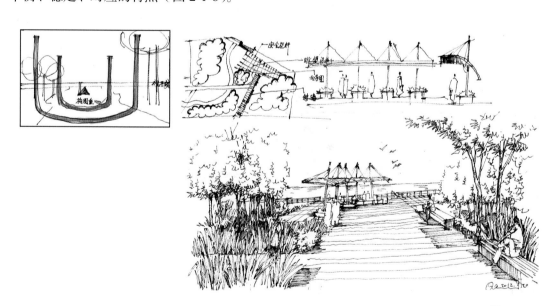

❖ 图　2-1-8

（4）斜线构图：斜线具有不稳定、趋于动感的表现特征。对角线一般为45°左右的斜线，也是画面中最长的线，因此，其动感表现和形式特征最为鲜明（图2-1-9）。

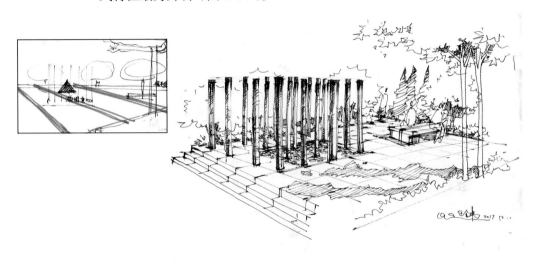

❖ 图 2-1-9

（5）十字形构图法：十字形构图多以地平线为横线，与实景及倒影构成十字形。十字形构图在视觉上有严肃、静穆的感觉，常用在风景画中（图2-1-10）。

❖ 图 2-1-10

2.1.3　视平线在园林钢笔画中的透视规律

视平线在园林钢笔画中有以下透视规律。

（1）视平线位置低为平视，地面物象面积小，透视感强（图 2-1-11
和图 2-1-12）。

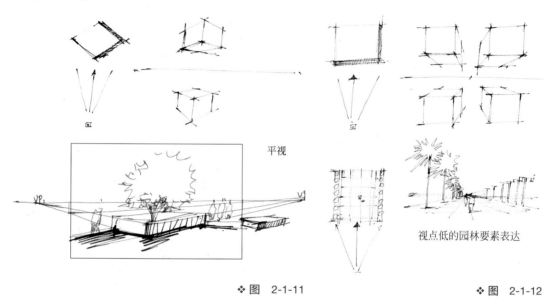

平视

视点低的园林要素表达

❖ 图　2-1-11　　　　　　　　　　　　　　　　　　　❖ 图　2-1-12

（2）视平线位置高为俯视，地面物象面积大，透视感弱。高视线的
透视构图，可以加强宽广的场景（图 2-1-13 和图 2-1-14）。

图 2-1-15 中景亭视平线为平视。

❖ 图　2-1-13

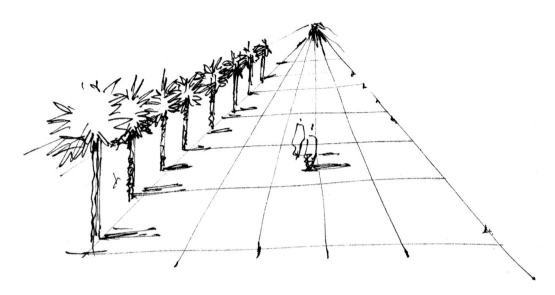

❖ 图 2-1-14

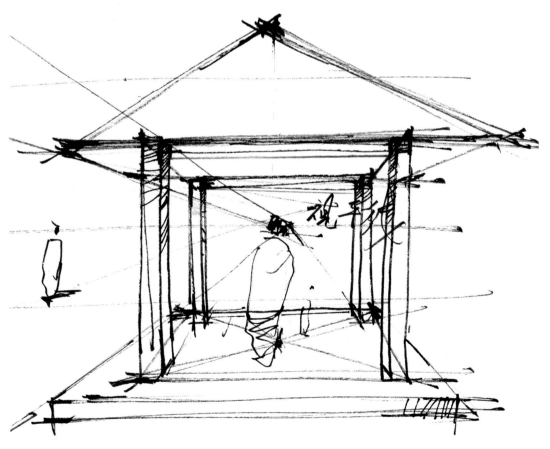

❖ 图 2-1-15

图 2-1-16 中景亭视平线为俯视。

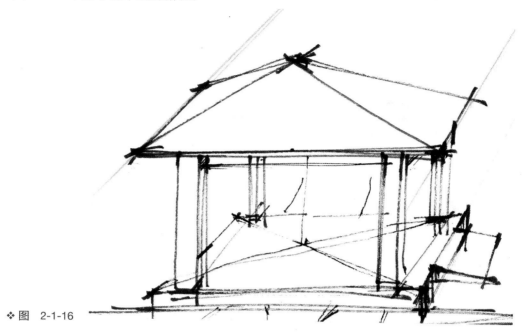

❖ 图 2-1-16

2.2 花草钢笔画的表现

　　植物作为一种景观要素，按照表现习惯通常分为树木、花卉、草坪、藤本植物、水生植物等类型。其中花卉、草坪是园林植物绘画的构成要素之一，又是园林绘画主题的烘托者甚至是表现者。有时需要单体的细部表现，有时又需要组合的概括表现（图 2-2-1）。

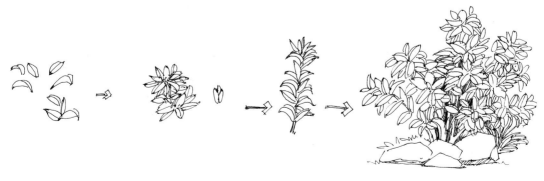

❖ 图 2-2-1

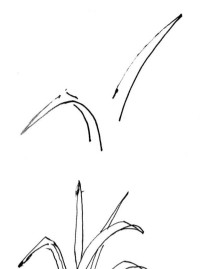

步骤1：画主叶。先画出从左下方向右上方伸展的第一笔；第二笔也是从左下方向右上方斜出（图2-2-2）。

❖ 图 2-2-2

步骤2：画小叶。将短且细的小叶画在长叶根部，要画出下垂状。注意画出叶子的舒展和自然的形态（图2-2-3）。

❖ 图 2-2-3

步骤3：进一步画主叶和次叶的组合。要画出叶子的穿插组织关系，依叶勾花，注意花的姿态变化。同时画出花池的透视关系（图2-2-4）。

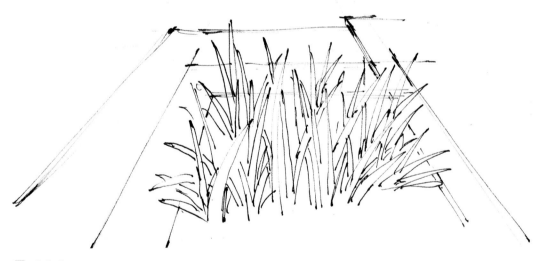

❖ 图 2-2-4

学习提示

绘画的主要步骤为：勾勒叶形→叶形组合→枝与叶形的联系→整株叶形的穿插组织。

步骤 4：刻画花草整体外形。要注意花草的聚散关系，叶子的大小、曲直关系，同时还要注意叶子的姿态和花池之间的呼应、对比、衬托关系（图 2-2-5）。

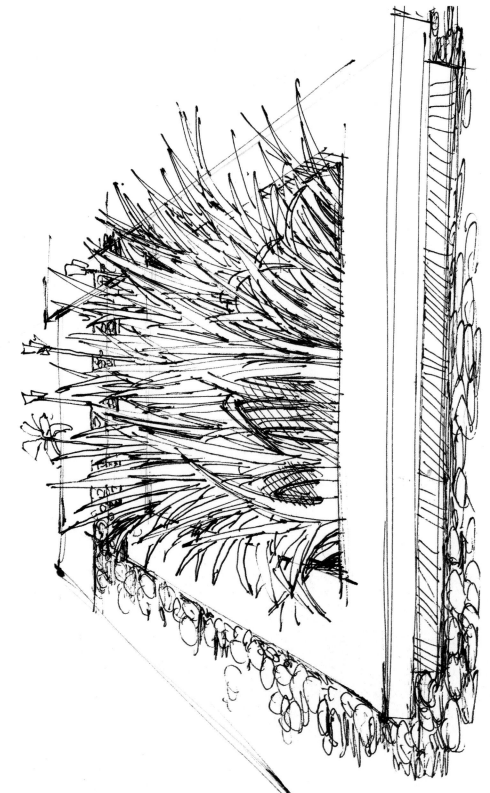

图 2-2-5

作品赏析

花草钢笔画作品见图 2-2-6~ 图 2-2-12。

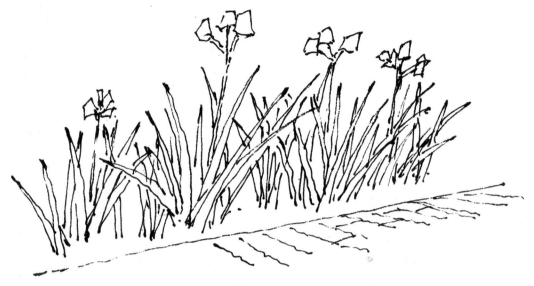

❖ 图 2-2-6

❖ 图 2-2-7

❖ 图 2-2-8

❖图　2-2-9

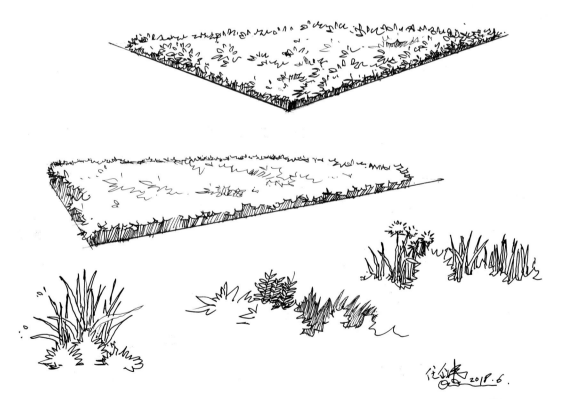

❖图　2-2-10

❖ 图 2-2-11

❖ 图 2-2-12

2.3 树木钢笔画的表现

植物是园林设计中重要的内容，也是效果图中经常被选取的题材。树木的种类繁多，其形体特征和结构也各有不同。树除了外形美，还具有体态美。有的树主干竖直，有的树主干倾斜弯曲，都显出不同体态。

枝干画法：先画主干，确定树的姿态；再加树枝，使主干与树枝之间连成整体（图 2-3-1）。

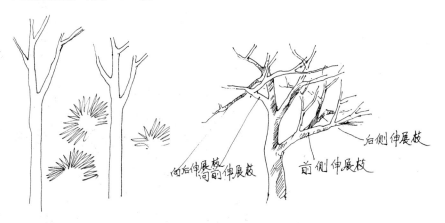

后侧伸展枝

前侧伸展枝

向后伸展枝 向前伸展枝

❖ 图 2-3-1

步骤 1：确定树木的高宽比，画出树木的基本造型姿态，然后画出树叶的轮廓线。画树应注意要有取舍（图 2-3-2）。

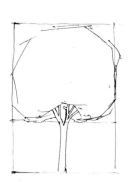

❖ 图 2-3-2

步骤2：进一步画树枝的生长位置和方向，明确树干的枝干结构，树中漏空的部分，会使画面更加生动（图2-3-3）。

❖ 图　2-3-3

学习提示

　　树的种类不同，其形态也不同，树的整体形状取决于树的枝干，理解了枝干结构才能画得正确。

步骤 3：画出树木的大体积感、大阴影关系和局部的乔木纹理质感（图 2-3-4 ）。

❖ 图　2-3-4

作 品 赏 析

树木钢笔画作品见图 2-3-5~ 图 2-3-7。

❖ 图 2-3-5

❖ 图 2-3-6

图 2-3-7

2.4　园林小品钢笔画的表现

　　园林小品是园林中供休息、装饰、照明、展示和方便游人使用及园林管理的小型建筑设施。一般没有内部空间，体量小巧，造型别致。

　　步骤1：用针管笔把标示牌整体的外形轮廓画出来，线条可以画得肯定些（图2-4-1）。

　　步骤2：用针管笔把标示牌的暗面画出来。注意线条要放松。转折处应注意透视转折的变化（图2-4-2）。

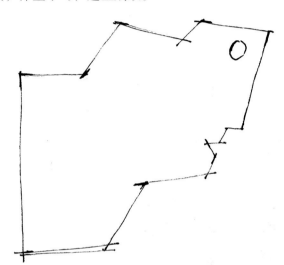

❖ 图　2-4-1

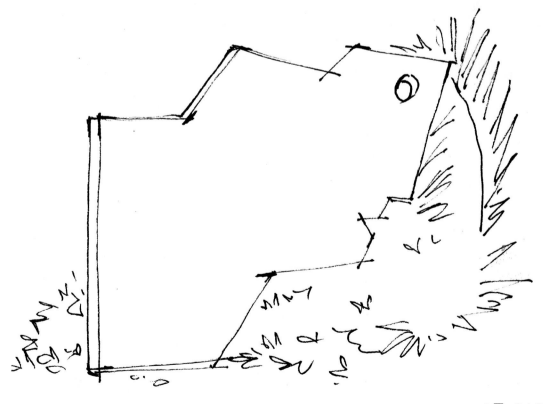

❖ 图　2-4-2

步骤3：深入刻画与调整。需考虑整张画面上下、左右、节奏感、质感、光感之间的关系。植物和园林小品之间是虚中有实、实中有虚的关系（图2-4-3）。

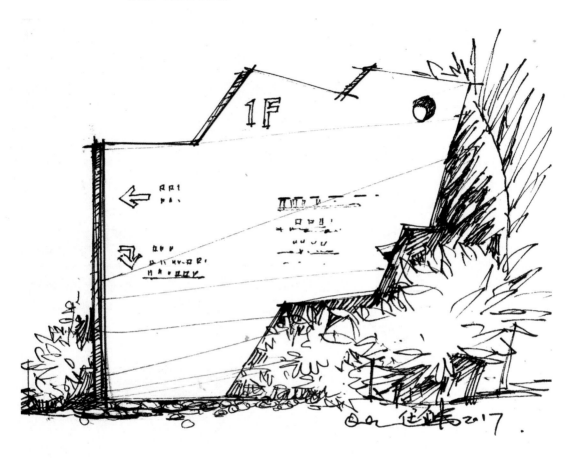

❖图 2-4-3

作 品 赏 析

园林小品钢笔画作品见图 2-4-4~ 图 2-4-7。

❖ 图 2-4-4

❖ 图 2-4-5

❖ 图 2-4-6

❖ 图 2-4-7

2.5　山石钢笔画的表现

　　山石钢笔画的表现线条要刚劲流畅，黑白对比强烈，画面效果细密紧凑，对所画山石要精细入微地刻画。

　　步骤1：画石头外轮廓，线条要肯定、干脆。要注意其几何关系和素描关系（图2-5-1）。

❖ 图　2-5-1

　　步骤2：表现石头的体积，画出石头硬朗粗糙的质感。主石和次石搭配要合理（图2-5-2）。

❖ 图　2-5-2

　　步骤3：将其体积感和厚重感刻画出来，尤其注意要用调子形式表现出石纹肌理（图2-5-3）。

❖ 图　2-5-3

学习提示

　　不同的石块，纹理也不同，有的圆浑，有的棱角分明，在表现时应采用不同的笔触和线条。

作 品 赏 析

山石钢笔画作品见图 2-5-4～图 2-5-7。

❖ 图 2-5-4

❖ 图 2-5-5

❖ 图 2-5-6

❖ 图 2-5-7

2.6 一点透视钢笔画的表现

❖ 图 2-6-1

一点透视有较强的纵深感，适合表现庄重、对称的设计主题（图 2-6-1）。

学习提示

从透视角度分析，不同距离的树木表现和刻画的深度是不同的，在构图上应有近景、中景和远景三个层次（图 2-6-2）。

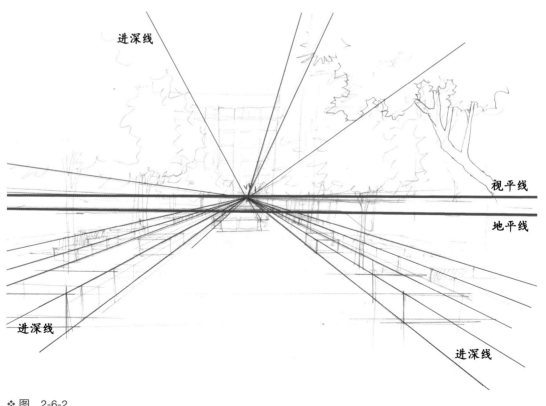

进深线

视平线

地平线

进深线

进深线

❖ 图 2-6-2

步骤1：确定视平线、地平线位置，画出进深线的角度，然后根据景物中树木的高度，逐一画出植物和长方体的透视高，最后安排视线的位置和主要形象的轮廓（图2-6-2和图2-6-3）。

❖ 图　2-6-3

步骤2：画近景树木的轮廓剪影，近景的树干和长方体也应仔细勾画出来。远景的树丛、建筑等为衬托，中景桌椅是画面重点区，需要重点描绘（图2-6-4）。

❖ 图　2-6-4

步骤3：细致刻画出枝叶、树干纹理等特点，景物的形体透视要准，按照由主到次、由大到小的顺序进行刻画（图2-6-5）。

❖ 图　2-6-5

步骤 4：确定好整体的效果，加强前后植物的识别度，并增强画面的整体感觉。细致地刻画画面，并画出背景的建筑及乔木、灌木、小品的阴影和倒影（图 2-6-6）。

图 2-6-6

作 品 赏 析

一点透视钢笔画作品见图 2-6-7~ 图 2-6-9。

❖ 图 2-6-7

❖ 图 2-6-8

2-5-9

2.7　两点透视钢笔画的表现

　　两点透视图效果比较自由、活泼，能比较真实地反映空间。缺点是角度选择不好极易产生变形（图2-7-1）。

学习提示

　　两点透视要懂得区别主次关系和概括植物轮廓。要抓住重点，分清层次，处理好画面的质感和空间感。

❖ 图　2-7-1

　　步骤1：构图。注意对素材的取舍，所要表达的主体在画纸上不要太偏（图2-7-2）。

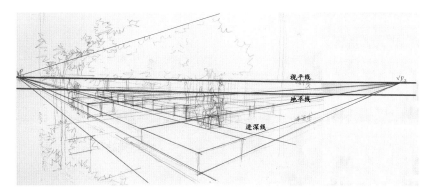

❖ 图　2-7-2

　　步骤2：先画出视平线、地平线、消失点，然后画进深线，再根据景物中人物的身高，逐一画出植物和长方体的透视高（图2-7-3）。

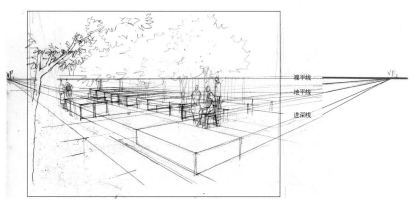

❖ 图　2-7-3

步骤3：画出长方体的形体。大的形体结构和透视要准确，按照由主到次、由大到小的顺序画（图2-7-4）。

❖图　2-7-4

步骤4：按照由近到远、由主到次、由实到虚的顺序进行绘制，近处要具体写实，远处要用虚一点的线条（图2-7-5）。

❖图　2-7-5

作 品 赏 析

两点透视钢笔画作品见图 2-7-6~ 图 2-7-9。

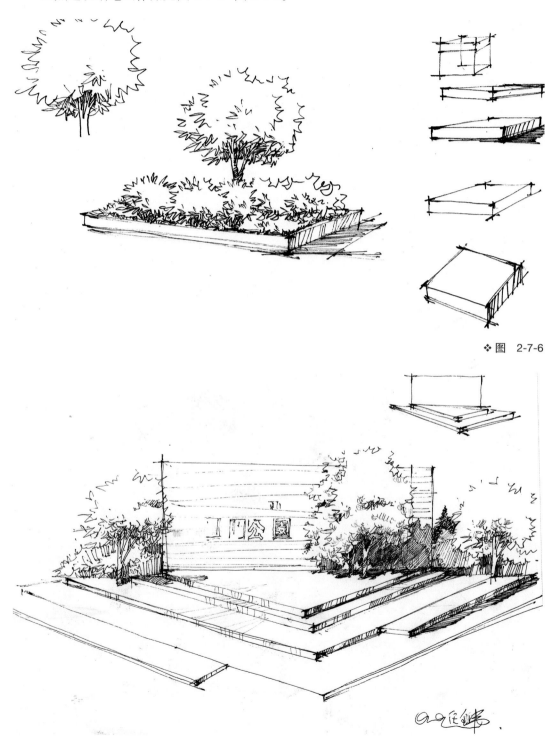

❖ 图 2-7-6

❖ 图 2-7-7

❖ 图 2-7-8

❖ 图 2-7-9

2.8　民居钢笔画的表现

民居写生比其他素描形式更能培养和体现构图能力。写生时要根据自己的兴趣和感受，选择自己最想画的那部分建筑（图2-8-1）。

❖ 图　2-8-1

步骤1：在构图中确定天空、地面、景物的位置（图2-8-2）。

❖ 图　2-8-2

步骤2：运用不同的线条勾画景物的外轮廓。注意建筑的比例及透视关系（图2-8-3）。

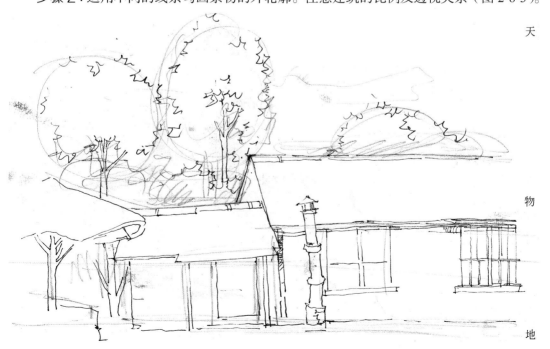

❖ 图　2-8-3

步骤 3：勾画建筑结构及明暗关系，调子要把握到位（图 2-8-4）。

天

物

地

图 2-8-4

步骤4：刻画民居本身的体积关系时，表达明暗关系的线条要清晰明确，疏密适度。作品还应有一个视觉中心以吸引观者，只有这样才能更加融入自然，更能体现出风景写生的美感（图2-8-5）。

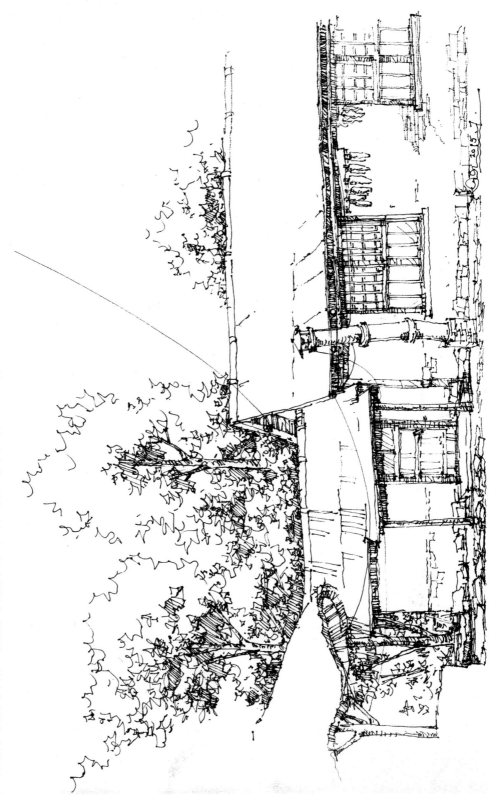

❖ 图 2-8-5

作品赏析

民居钢笔画作品见图 2-8-6~ 图 2-8-12。

❖ 图 2-8-6

❖ 图 2-8-7

❖ 图 2-8-8

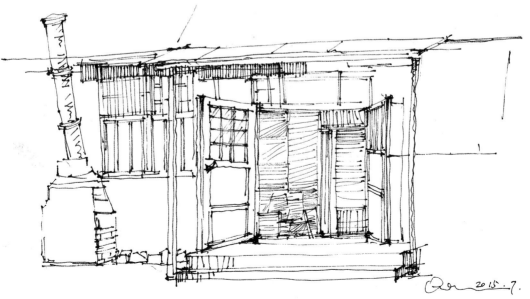

❖ 图 2-8-9

❖ 图 2-8-10

❖ 图 2-8-11

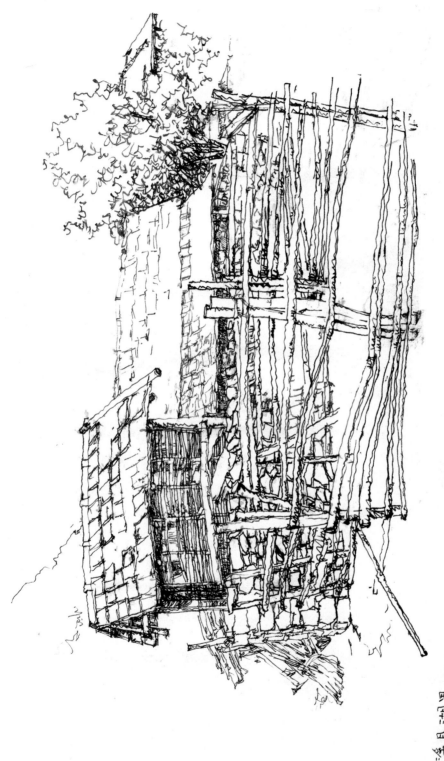

本溪县湖里2008.7.6

图 2-8-12

❖

模块 3 静物水彩

3.1 色彩基础知识

3.1.1 色彩工具

色彩工具主要包括：水彩颜料（图3-1-1）、颜料盒或调色盘、折叠水桶、画板、毛笔、刷子、排刷、铅笔、描线笔（勾线笔）、留白液、针管笔（图3-1-2）、工具箱、水溶性彩铅、绘图纸（薄拷贝纸）、水彩纸和橡皮等。

❖ 图 3-1-1

❖ 图 3-1-2

3.1.2 色彩概述

1. 色彩分类

色彩主要有原色、间色和复色三大类。

（1）原色，也叫"三原色"，是指不能用其他颜色混合而成的色彩。原色有色光三原色和色料三原色。色光三原色为红（Red）、绿（Green）、蓝（Blue），如图3-1-3所示。色料三原色为青（Cyan）、品红（Magenta）、黄（Yellow），如图3-1-4所示。

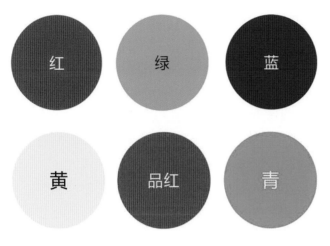

❖ 图　3-1-3

❖ 图　3-1-4

（2）间色，也叫"二次色"，是由色料三原色中的两种颜色混合而成的颜色，如红与黄配为橙色，黄与蓝配为绿色，蓝与红配为紫色。故橙、绿、紫三种颜色又叫"三间色"，如图 3-1-15 所示。

（3）复色，也叫"复合色"，是由一种间色和一种原色混合而成的颜色，可以得到六种复色：黄橙、红橙、红紫、蓝紫、蓝绿、黄绿。

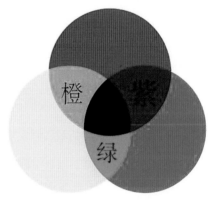

❖ 图　3-1-5

2. 色彩混合

色彩混合是指两种或两种以上的颜色混合在一起，构成与原色不同的新色。色彩有以下三种混合方法。

1）色彩的加法混合

色彩的加法混合是指色光的混合，也叫正混合。色光的三原色是红、绿、蓝（图 3-1-6），其混合结果如下。

红光＋绿光＋蓝光＝白光

红光＋绿光＝黄光

红光＋蓝光＝紫光

绿光＋蓝光＝青蓝色光

2）色彩的减法混合

色彩的减法混合也叫色料的负混合，是指颜料的混合，而不是光的混合。色料的混合会使明度降低。

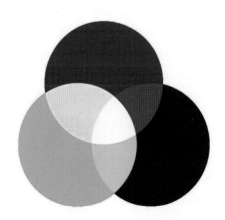

❖ 图　3-1-6

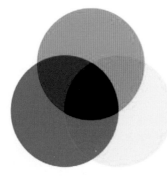

❖ 图 3-1-7

我们在讲色彩的三要素时说过品红、黄、青三原色能调配成三种以上的间色和复色。比如，黄色与蓝色相混而得绿色；而且每混一次就暗一次。红、黄、蓝混合则成了暗灰色。理论上，我们将红、黄、蓝三种色料均匀混合时，画面将变成黑色，如图 3-1-7 所示。在绘画、设计或日常生活中碰到这类混合的机会比较多。

3）色彩的中性混合

色彩的中性混合的原理是色光在视网膜神经感应传递过程中形成的色彩混合效果。明度不像加法混合那样越混合越亮，也不像减法混合那样越混合越暗，而是混合色的平均明度，因此称为中性混合。色彩的中性混合有旋转混合和空间混合两种。

（1）旋转混合。

将几块不同的色彩涂在圆盘的不同位置，以每秒 50 次以上的速度旋转会显现出不同的颜色，圆盘的中性混合实际上就是视网膜上的混合。当旋转停止后，色彩又恢复到原来的状态。

（2）空间混合。

由于空间距离和视觉生理的限制，眼睛分辨不出过远或者过小的细节，我们将两种或两种以上的颜色并置在一起，通过一定的空间距离，在人视觉内达成的混合称空间混合，如图 3-1-8 和 3-1-9 所示。

❖ 图 3-1-8

❖ 图 3-1-9

3. 色彩的三要素

色彩的三要素是色相、纯度和明度，色彩分为有色系和无色系两大类，其中有色系（红、黄、蓝、绿等）三要素都具备，而无色系（黑、白、灰）则只具有明度属性。

（1）色相指的是色彩的相貌特征和相互区别的名称，是区分不同色彩的属性依据。不同波长的光波作用于人的视网膜，人便产生了不同的颜色感受。色相具体指的是红、橙、黄、绿、蓝、紫。它们的波长各不相同，光波较长的色相对人的视觉冲击力较强，反之冲击力较弱。它们的波长由长到短分别为：红、橙、黄、绿、蓝、紫。色相主要体现事物的固有色和冷暖感，如图 3-1-10 和图 3-1-11 所示。

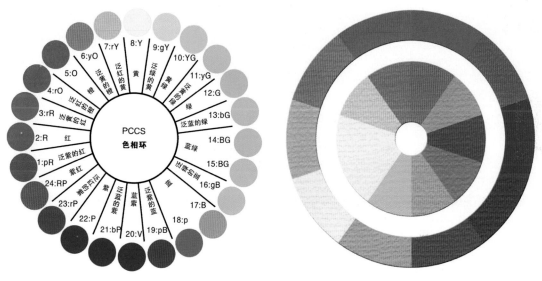

❖ 图 3-1-10   ❖ 图 3-1-11

（2）纯度指的是色彩的鲜艳程度，也称色彩的饱和度、彩度、鲜度、灰度等。红、橙、黄、绿、青、蓝、紫七种颜色纯度最高。红色系中的橘红、朱红、桃红，纯度都比红色低些。同一色相中，纯度越高，色彩越鲜艳、明亮，越给人强有力的视觉刺激效果；纯度越低，越柔和、平淡、灰暗。无色系的黑、白、灰纯度为零，如图 3-1-12 和图 3-1-13 所示。

（3）明度是指色彩的深浅和明暗所显示出的程度。色彩明度的变化即深浅的变化，明度值越高，图像越明亮、清晰，反之，图像越灰暗。每一种色彩都有不同的明度，在红、橙、黄、绿、青、蓝、紫七色中，最亮、明度最高的是黄色，橙、绿次之，红、青再次，最暗的是蓝色与紫色，如图 3-1-14 所示。

❖ 图 3-1-12

❖ 图 3-1-13

❖ 图 3-1-14

❖ 图 3-1-15

4. 色彩绘画的基本要素

色彩绘画的基本要素包括固有色、光源色和环境色。

1）固有色

固有色是指物体反射光波后所呈现出的固有颜色。我们日常生活中的蓝天白云、红花绿树就是物体本身的固有色。在我们欣赏和绘画过程中，固有色是区别色彩的重要依据，如图 3-1-15 所示

2）光源色

光源色指发光体所发出的光线的颜色，一般分为自然光和人造光两类。

自然光是自然形成的、人类不能改变的光线，如日光、月光等，如图 3-1-16 所示。人造光是人类可以制造或者模拟的光线，如灯光、烛光等，如图 3-1-17 所示。

❖ 图 3-1-16   ❖ 图 3-1-17

光源色的不同会引起物体固有色的变化。例如，一块红布在白天太阳光下和晚上灯光下看起来颜色是不同的。同一光源，如太阳光早晨、正午和傍晚其光源色也是不相同的，会引起同一景物色调的显著变化。如图 3-1-18 中 1 和 2 相比，1 相对冷些。

光源色直接影响景物的固有色，光源色越明显，对固有色影响越大。在具体的绘画写生中，光源色很关键。

                1↑   2↑

室内冷光图片   室外暖光图片

❖ 图 3-1-18

3）环境色

一个物体周围物体所反射的光色，也会引起该物体固有色的变化。影响物体色彩的周围环境的色彩称为环境色。

写生过程中环境色的分析和利用如图 3-1-19 所示。

受红布影响偏红色 ——

❖ 图 3-1-19

如图 3-1-20 所示，在一只茶壶下放一块蓝色的布，茶壶靠近蓝色布的一边便会因蓝色布的反光而偏蓝色。

受蓝色的布影响阴影偏蓝色

❖ 图 3-1-20

可见，物体的色彩是受光源色、环境色的影响而变化的。物体在不同的光源、环境下所呈现的色彩称为"条件色"。物体的固有色与光源色、环境色的相互关系，对物体的色彩关系的形成和变化，是十分重要的。

固有色与光源色、环境色相互影响的程度，与该物体的质地有很大的关系。粗糙的物体，如呢绒、粗布、陶器等物，不易受光源色和环境色的影响，固有色比较显著。光滑的物体，如金属、瓷器、绸缎等物，易受光源色和环境色的影响，固有色较不显著。了解这一点对表现物体的质感有很大的帮助。

初学时要懂得固有色受光源色和环境色的影响而变化，把固有色、光源色、环境色三者联系起来整体进行观察、分析和表现。

5. 色彩冷暖

人们在观察色彩时，以往的视觉经验形成了一种条件反射，使视觉变为触觉的先导，所以就有了冷暖的心理反应。

在色彩关系中，所有颜色都带有冷或暖的倾向。色彩的冷暖是相对的。我们把偏红或偏黄的颜色称为暖色，如图 3-1-21 所示，把偏蓝的颜色称为冷色，如图 3-1-22 所示。

❖ 图　3-1-21

❖ 图　3-1-22

　　图3-1-23左边的红色、橙色、黄色容易让人联想起东方旭日和燃烧的火焰，给人以温暖的感觉，所以称为"暖色"；右边的蓝色常使人联想起湛蓝的海水、阴影处的冰雪，因此有寒冷的感觉，所以称为"冷色"。

　　中性色既不属于冷色调也不属于暖色调，黑、白、灰是常用到的三大中性色。黑、白、灰这三种中性色对任何色彩都能起到协调、缓解的作用，给人沉稳、大方、得体的感觉（图3-1-24）。

　　中性色的主要作用是调和色彩搭配，突出其他颜色。

　　一幅画往往在明部与暗部、物体与物体、物体与背景、画面前景与后景及画面的每一个部位都存在着不同的冷暖对比，即使在一个平面上也会产生冷暖变化。我们在作画过程中要善于掌握色彩的冷暖变化规律，作品才会具有空间感，并且更加具有色彩艺术的生命力。

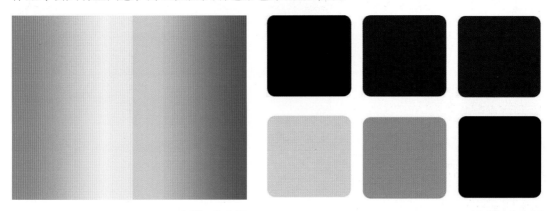

❖ 图　3-1-23

❖ 图　3-1-24

6. 色彩的对比与调和

　　大部分绘画作品都包含着色彩冷暖的对比因素，只是有些是强对比，有些是弱对比。一幅作品的色彩如果只有明度对比，没有冷暖对比，画面会显得单调，索然无味。

1）色彩的对比

色彩对比是绘画艺术的一种重要手法。两色并置产生对比关系，类似的成分减弱了，不同的成分增强了。利用对比提高或降低色彩的纯度、明度，把原来的颜色变得比较暖或比较冷，以扩大色彩的表现范围。灵活恰当地运用色彩对比，突出主要部分，减弱次要部分，可达到用色少而色彩丰富的艺术效果。但乱用对比，不抓主要矛盾，不分主次强弱，则会喧宾夺主、导致画面杂乱无章。

（1）同种色的对比。同种色的对比即同种色相不同明度的对比。一般是色相环中夹角在15°内的颜色对比（图3-1-25），即同一种色系的不同颜色的对比，如红色系中的朱红、深红、橘红、粉红等。

（2）类似色的对比。类似色的对比是色相环中夹角在30°内的颜色对比，色彩较协调，但由于缺乏对比，容易产生单调感。在配色时要注意各色彩间的对比，在调和统一中求得明快的对比效果，如图3-1-26所示。

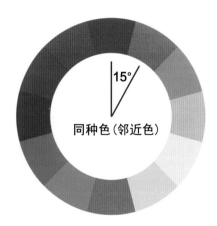

❖ 图 3-1-25

❖ 图 3-1-26

（3）互补色的对比。互补色的对比是指色相之间在色环上的距离角度为180°而形成的对比，是最强烈的色相对比，如图3-1-27所示。

由于互补色有强烈的分离性，所以使用互补色的配色设计，可以有效加强整体配色的对比度、拉开距离感，而且能表现出特殊的视觉对比与平衡效果，使用得好能让作品活泼、充满生命力，如图3-1-28所示的红绿互补。

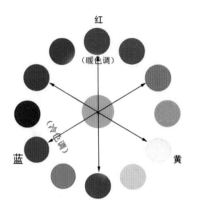

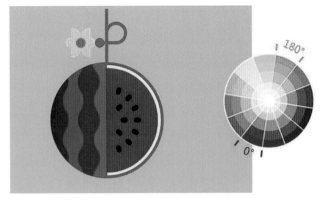

❖ 图 3-1-27   ❖ 图 3-1-28

2）色彩的调和

色彩的调和是指两个或两个以上的色彩组合，为了达到共同的表现目的，互相间产生的秩序、统一与和谐的现象。

我们生活的世界中无论何时何地，都充满着各种不同的色彩。我们常以为色彩是独立的：天空是蓝色的、植物是绿色的、花朵是红色的，等等。实际上没有一个色彩是独立存在的，也没有哪一种颜色本身是好看的颜色或是不好看的颜色。相反，只有当色彩成为一组颜色中的一个的时候，我们才会说这个颜色在这里协调或不协调，适合或不适合。任何手绘设计表现图都应该求得调和，如图 3-1-29 所示。

❖ 图 3-1-29

类似色的配合很容易取得调和，对比色的配合要力求在明度、纯度及色量等方面做适当控制，避免画面色彩的过于刺激。例如红与绿的配合在一般情况下是很难取得调和的，但红花绿叶的配合却很好看，大自然中的红花绿叶鲜艳而又调和，是因为它们处于一定的空间环境中，其纯度、明度、色量、距离等诸多客观因素使之在整体色彩上较固有色变得含蓄自然，在花与花、花与叶、叶与叶之间总有纯度低的颜色起过渡作用，或是阴影，或是空隙，或是光源与环境的影响等，都起着统一调和作用，如图 3-1-30 和图 3-1-31 所示。

❖ 图　3-1-30

❖ 图　3-1-31

对于装饰性的绘画，人们常常使用黑、白、灰、金、银等色作为过渡色，以使对比色得到调和的效果。

7. 水彩画的特征

水彩画是以水为媒介，通过颜料的调和、溶化、渗透、重叠，使其画面具有轻盈、明快、湿润流畅的视觉效果。水彩画是学习色彩的基础，特别是在园林专业课程中，水彩画多用于园林效果图、园林建筑写生、风景写生等。

水彩画是用水调和透明颜料在纸上作画，因此离不开用水、用色、用笔，其中用水是首要。根据水分的运用，水彩画大致可以分为湿画法、干画法和干湿并用法三种基本方法。

（1）湿画法：湿画法是最具水彩特色的画法之一，其表现形式是在画面颜色未干时进行绘制。在潮湿的色底上不失时机地衔接其他颜色，依靠水的作用使颜色与颜色之间互相渗透、自然交接，同时也可以画上各种色块、色线，或通过滴洒清水等方法，使之产生水与色的自然扩散，一气呵成而获得圆润、自然、丰富和韵味无穷的效果，如图3-1-32和图3-1-33所示。

（2）干画法：也称叠加法，即分层平涂。在第一遍色干后，再加第二遍色，色彩由浅入深。叠加法能使色彩透明丰富，色块明确肯定，塑造坚硬结实，适合于表现层次鲜明或主要物体的受光部分，如图3-1-34所示。

（3）干湿并用法：实际上，完成一幅水彩画很少只用单一的表现技法，作画时根据对象不同、画面立意不同，往往是干画法和湿画法灵活并用。一般情况下，先湿后干、远湿近干、宾湿主干、虚湿实干。例如，作画开始时铺大调子多用湿画法，画远景和次要的部分也以湿画法为宜，实的物体运用干画法塑造，这样就能拉开画面的空间距离，主次分明。总的来说，干画法易枯，少润泽；湿画法易松，缺力度。在水彩画表现技法中，干湿并用法可以扬长避短，如图3-1-35 ~图3-1-37所示。

干湿并用法中，背景、衬布、暗面通常用湿画法；静物灰面、亮面通常用干画法。

❖图 3-1-32

❖图 3-1-33

❖图 3-1-34

❖ 图 3-1-35

❖ 图 3-1-36

❖ 图 3-1-37

3.2 单体静物水彩写生

苹果是最基本的圆形，只要画出亮面、中间调、暗面、反光面等明暗层次，即可表现出立体感。

步骤1：铅笔起稿，铅笔线要轻，绘制苹果外形时，要找出明暗交界线，概括出体面。注意苹果在画面中的位置、结构和比例关系（图3-2-1）。

❖ 图 3-2-1

步骤2：绘制亮面的高光处，然后用淡黄色画出苹果的大体颜色。注意留出高光白纸，苹果要有明暗区别（图3-2-2）。

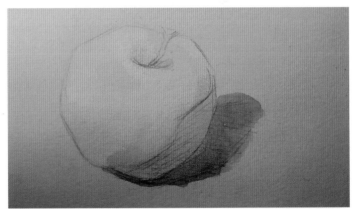

❖ 图 3-2-2

步骤3：趁颜色未干，用朱红加少许黄色调出苹果亮面的颜色，同时用黄色加少许绿色继续加深暗面颜色，强调投影和苹果底部的结构（图3-2-3）。

❖ 图 3-2-3

步骤4：刻画苹果柄的结构特征，塑造苹果并将留白的地方加以渲染，进一步深入刻画（图3-2-4）。

❖ 图 3-2-4

3.3 不同质感静物组合写生

❖ 图 3-3-1

图3-3-1是一组由橘子和苹果组成的简单组合。描绘这组静物的关键在于苹果表皮光滑与橘子表皮凹凸粗糙的不同质感的表现。

步骤1：构图起稿，以线为主将形象准确表现出来。起稿时要注意物体前后、大小、疏密及透视关系（图3-3-2）。

❖ 图 3-3-2

步骤2：铺大体色。橘子的色彩较为单纯，表面有颗粒，略粗糙。先用充足的水调和橘黄色，在干底纸面上，从亮面开始着色并留出白色底色作为高光，再趁颜色未干时用橘黄、深红、少许群青衔接暗部颜色，与亮面拉开层次（图3-3-3）。

❖ 图　3-3-3

步骤3：调整橘子与苹果的整体关系，进一步深入刻画。用绿色画出橘子的果蒂和叶子，用群青加少许红色画橘子的暗部投影。调整背景与物体、物体与物体之间的虚实关系（图3-3-4）。

❖ 图　3-3-4

3.4 陶罐、水果静物组合写生

图 3-4-1 是一组由釉罐、水果刀、水果组成的画面。上釉的罐子和水果刀表面细致、光滑，明暗反差大，光色变化强烈，受光部和暗部反光强，受周围环境的影响明显。作画时要注意物体固有色与环境色之间的关系。

❖ 图 3-4-1

步骤1：构图起稿。起稿前，先认真观察各物体的形体、结构，并互相比较，把握整体比例、结构和疏密关系，然后确定构图（图 3-4-2）。

❖ 图 3-4-2

步骤2：铺大体色。铺大体色前要仔细观察对象，力求把握好色彩的第一感觉。上色时从亮部画起，然后逐渐向暗部延伸，作画过程中要有条不紊、循序渐进。铺大体色时要用大号画笔，力求整体，顾全大局（图 3-4-3）。

❖ 图 3-4-3

步骤 3：深入刻画。随着画面逐渐深入，可以使用小号的画笔作画，以使造型更具体。深入刻画过程中必须注意整体关系，要把各物体的质感、体积、结构、空间充分刻画出来（图 3-4-4）。

❖ 图　3-4-4

步骤 4：统一调整。进一步调整大关系，努力保持最初的色彩感觉（图 3-4-5）。

❖ 图　3-4-5

3.5 鲜花、水果静物组合写生

❖ 图　3-5-1

图 3-5-1 是一组由鲜花、水果组成的画面，花卉独特的造型、冷暖结合给人高洁明快的感觉，呈现出环境的宁静与鲜花的纯洁。

步骤 1：构图起稿。起稿时除了要把握整体感外，花卉的具体形象和结构一定要明确，要理解每一朵花的体积以及受光后产生的明暗变化，把素描关系大致表现出来，做到心中有数，有利于下一步铺色时的准确性（图 3-5-2）。

步骤 2：铺大体色。第一遍色着重处理基本色调和大色块，先画受光部和浅色的地方，找出大体色调与中性色和冷色、暖色的大关系（图 3-5-3）。

❖ 图　3-5-2

❖ 图　3-5-3

步骤3：进一步深入刻画。从主体鲜花着手塑造形体，可采用湿画法表现出鲜花的明暗关系，中心部分的鲜花尽量一次完成，保持色彩的透明、艳丽、富有生机的感觉，加强其质感及体面转折的变化。作画时要时刻考虑整体与局部，主体与背景的关系（图3-5-4）。

步骤4：整体调整。把握画面的整体关系，包括色彩调和、前后空间、主次虚实处理等，使整个画面和谐统一（图3-5-5）。

❖ 图　3-5-4

❖ 图　3-5-5

学习提示

　　水彩作画时，首先要注意水与色的运用和控制，水的多少与色的厚薄，将直接影响物体的质感表现；其次水与色运用的时间把握也至关重要，时间控制不好会影响色彩的融合效果。

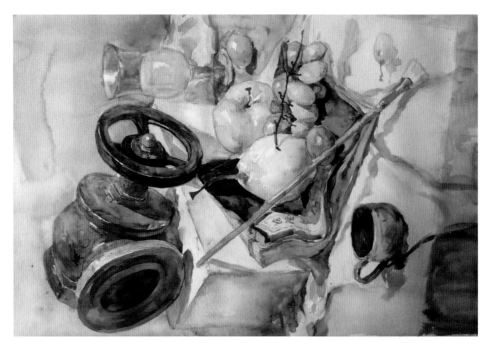

❖ 图 3-5-7

作品赏析

鲜花、水果静物组合写生作品见图3-5-6~图3-5-13。

❖ 图 3-5-6

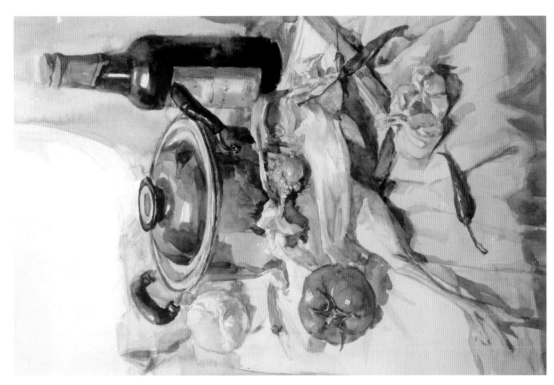

❖ 图 3-5-9

❖ 图 3-5-8

图 3-5-11 ❖

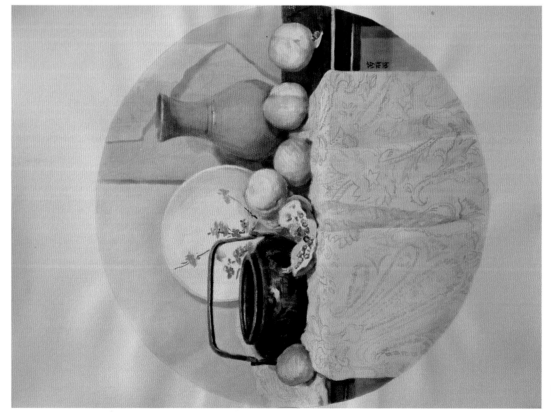

图 3-5-10 ❖

❖图 3-5-12

❖图 3-5-13

模块 4 钢笔淡彩

4.1 钢笔淡彩基础知识

4.1.1 钢笔淡彩的工具

钢笔淡彩常用的工具有：水彩颜料、自动铅笔、橡皮、针管笔、水彩笔、白色修正液、纸等。

4.1.2 钢笔淡彩调色方法

钢笔淡彩画是在钢笔线条的基础上再着水彩的一种绘画形式，钢笔淡彩具有清新、淡雅、轻松的特点。着色时要控制画面的均衡色彩关系，达到线条和画面色调统一和谐的效果。调色时用调解色彩面积与色量的方法来调和画面的色彩关系，用概括与归纳的方法，感受光源色对物象及画面色调的影响。

红色与蓝色混合练习如图 4-1-1 所示，黄色与红色混合练如图 4-1-2 所示，色彩退晕练习如图 4-1-3 所示，水洗底色练习如图 4-1-4 所示。

❖ 图 4-1-1 　　　　❖ 图 4-1-2 　　　　❖ 图 4-1-3 　　　　❖ 图 4-1-4

4.2 园林植物的钢笔淡彩写生

图4-2-1是以园林植物为主体的自然景观写生。为了集中反映主要形象，可以把某些次要形象省略，或在合理的范围内在画面上改变它们的位置，使构图更加理想，主要形象更加突出。

❖ 图 4-2-1

步骤1：用蓝色系平涂天空，逐渐加水退晕，画出云彩的外形。天空的表现要与地面景物相联系。天空的色调与地面景物相比较显得单纯而清淡，为了表现天空的旷远，要充分利用纸色，宁可画得轻些、虚些，也不可过重、过实。天空不是平面，而是立体的有深度的空间（图4-2-2）。

❖ 图 4-2-2

步骤2：画植物的中间色。颜色要清晰具体，对比强烈，在色调上深色更浓重，浅色则更明亮。近景植物要根据画面的需要而定，尽量处理得简略概括一些（图4-2-3）。

❖图　4-2-3

步骤3：画小树枝。小树枝在叶丛的底面暗处，受光少，色浓重，主干周围树叶少，叶丛中往往透出空隙，透露出明亮的天色或后面的景色,这使树丛显得松动不闷（图4-2-4）。

❖图　4-2-4

步骤4：调整画面，统一主题与意境。通过添加背景建筑以使画面更加丰富，加强近、中、远景拉开空间层次和调节环境气氛（图4-2-5）。

图 4-2-5

作 品 赏 析

园林植物钢笔淡彩写生作品见图 4-2-6~ 图 4-2-10。

❖ 图　4-2-6

❖ 图　4-2-7

❖ 图　4-2-8

❖ 图　4-2-9

图 4-2-10

4.3 民居建筑钢笔淡彩写生

本节通过民居建筑钢笔淡彩写生练习，训练学生运用钢笔淡彩综合表现建筑的能力。

步骤1：用钢笔画出轮廓，大轮廓定下来后，适当体现明暗，调子不宜过多，再用淡彩进行受光面铺色（图4-3-1）。

❖ 图 4-3-1

步骤2：在铺色过程中不需要太多层次，只要区分出大色调就够了。近处的色彩偏暖一些，远处的色彩偏冷一些，使用光源色和环境色把受光面和背光面表达出来（图4-3-2）。

❖ 图 4-3-2

步骤3：画天空和远山，要体现延伸感。在画面中，树和远山都偏向于冷色调，画屋顶时，要注意瓦片的基本结构和建筑形式（图4-3-3）。

❖ 图 4-3-3

步骤4：用湿润流畅、轻薄鲜丽、灵动活泼的颜色调整画面。着重刻画堆砌的石块和栅栏，要和建筑形成疏密对比，使画面自然且具有美感（图4-3-4）。

❖ 图 4-3-4

学习提示

　　动笔之前，先仔细观察所画对象，画哪些，不画哪些，做到心中有数。画面物体不要太多，确定好视觉中心位置。写生过程中，需要根据画面进行一些主观的处理和塑造。淡彩表现用笔不拘泥于物体形状，只需要几块大色块即可。

作 品 赏 析

民居建筑钢笔淡彩写生作品见图 4-3-5~ 图 4-3-7。

❖ 图 4-3-5

❖ 图 4-3-6

图 4-3-7

模块 5 彩 铅

5.1 彩铅基础知识

5.1.1 彩铅的工具

彩铅绘画的主要工具有：彩色铅笔（图 5-1-1）（包括蜡质彩铅和水溶性彩铅）、针管笔、彩铅专用纸、高光橡皮等。

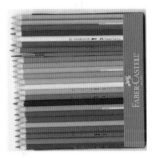

❖ 图 5-1-1

5.1.2 蜡质彩铅的基本画法

蜡质彩铅的基本画法为平涂和排线，最好结合针管笔的线条进行塑造。上色时按先浅色后深色的顺序。蜡质彩铅在修改景观的亮面和高光时可用橡皮或小刀进行处理（图 5-1-2 和图 5-1-3）。

❖ 图 5-1-2　　　　　　　　　　　　　　　　❖ 图 5-1-3

5.1.3　水溶性彩铅的基本画法

水溶性彩铅的基本画法包括以下几种。

（1）平涂排线法：运用彩色铅笔均匀排列出铅笔线条，达到色彩一致的效果（图 5-1-4 和图 5-1-5）。

❖图　5-1-4

❖图　5-1-5

（2）叠彩法：运用彩色铅笔排列出不同色彩的铅笔线条，色彩可重叠使用，变化较丰富（图 5-1-6）。

（3）水溶退晕法：利用水溶性彩铅溶于水的特点，将彩铅线条与水融合，达到退晕的效果。彩色铅笔不宜大面积单色使用，会使画面显得呆板、平淡（图 5-1-7）。

❖图　5-1-6

❖图　5-1-7

5.2 天空的彩铅表现

天空的色彩多变，它对整个画面的色调起着决定性的作用，因此，在绘画过程中必须认真观察和比较天空的色彩与周边物象的关系。

步骤1：用蓝色彩铅斜线均匀排列出彩铅线条，并留些空白作云彩，使天空看起来更为通透、明朗（图5-2-1）。

❖ 图 5-2-1

步骤2：描绘云层阴影和厚度。要考虑上下冷暖色彩的关系，不要把天际线画得太重(图5-2-2)。

❖ 图 5-2-2

步骤3：用普蓝彩铅笔画天空，云彩要逐层留白，在云彩的尾部加一点紫罗兰色，让画面的色彩更丰富（图5-2-3）。

步骤4：由内往外画，绘制时要注意虚实关系的处理和线条美感的体现，不要把天空画得太沉（图5-2-4）。

❖ 图 5-2-4

学习提示

云彩的形状具有一定的体积感，它轻薄、飘逸、灵活、善变。要注意天空和地面景物的色彩关系，近处的云彩一般比较清晰、偏暖，远处的云彩比较模糊，色彩偏冷。

作品赏析

天空彩铅表现作品见图 5-2-5。

❖ 图 5-2-5

5.3 假山的彩铅表现

假山具有多方面的造景功能，如构成园林的主景或地形骨架，划分和组织园林空间，布置庭院、驳岸、护坡、挡土，设置自然式花台。在绘画过程中先粗线画形状，再用细线勾勒假山结构。

步骤1：画好线稿，注意画面的构图、透视等相关的因素(图5-3-1)。

❖ 图 5-3-1

步骤2：在铺大色块时，要把握全局，注意冷暖的衔接和明暗的对比(图5-3-2)。

❖ 图 5-3-2

步骤 3：调整细节。在作画过程中，注意石材的材质、纹理。绘制水面时要注意天色对水色的影响而产生的色调变化，如天上的云彩、霞光，都可以在水中倒映出来（图 5-3-3）。

❖ 图 5-3-3

作品赏析

假山彩铅表现作品见图 5-3-4。

❖ 图 5-3-4

5.4 水体景观的彩铅表现

水体景观分为江河、湖泊、瀑布、泉水和海洋等。水面有多种表现技法，这里示范一种简便且容易出效果的画法（图5-4-1）。

❖ 图 5-4-1

步骤1：用针管笔勾画出湖面及周围植物的外轮廓（图5-4-2）。

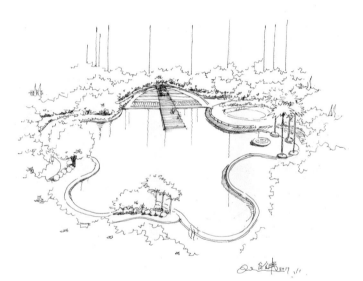

❖ 图 5-4-2

步骤2：选择一支蓝色的彩色铅笔平涂水面。清澈的水固有色为冷色调；平静水面的远水偏冷，近水偏暖（图5-4-3）。

❖ 图 5-4-3

步骤3：用偏暖的颜色画湖面中间的部分，形成水面如镜的效果。平静的水面常会出现一条水平明亮的反光，反光对表现水面的平远作用很大，画出这条反光，颜色干湿要适度，用笔要干脆利落（图5-4-4）。

❖ 图 5-4-4

步骤4：画水面倒影。平静清澈的水面如镜，用偏冷的颜色画倒影形象更加清晰。勾画出远处植物（图5-4-5）。刻画湖面边缘，加强倒影的气势。远处草坪画固有色，近处植物可以留白以加强深远的感觉。

❖ 图 5-4-5

学习提示

　　彩色铅笔的调色和用颜料作画是不一样的。彩色铅笔的颜色是固定的，要根据画面的需要更换铅笔的颜色。

作品赏析

水体景观彩铅表现作品见图 5-4-6。

图 5-4-6

5.5 园林植物的彩铅表现

　　植物是园林景观专业必须接触的内容。植物有其自身的光影关系，把握好植物的光影关系可使彩铅表现更具立体感。枝叶繁茂的植物就像一个球体，它存在明暗交界线与暗部的反光。

步骤1：在植物表现中要善于观察各种树木的特征，掌握其形状与变化规律。树的色彩和树干的特点是区分树种的重要标记。树叶的色彩通常可体现出季节的变化（图5-5-1）。

❖ 图 5-5-1

步骤2：画树的时候，先画出亮部的色彩变化，受光部位色彩偏暖，最亮的地方依递进关系用笔，天空的排线要注意云彩的位置（图5-5-2）。

❖ 图 5-5-2

步骤3：用橄榄绿和粉红色涂色。暗部偏冷，要用深绿色加蓝色来衔接背光面色彩，近景暖，远景冷，天空冷而地面暖。突出画面的空间感（图5-5-3）。

❖ 图 5-5-3

步骤4：加强植物的冷暖关系，调整细节部分。从全局入手，注意各个颜色的轻重对比（图5-5-4）。

作品赏析

园林植物的彩铅表现作品见图 5-5-5~ 图 5-5-8。

❖ 图　5-5-5

❖ 图 5-5-7

❖ 图 5-5-8

5.6 园林建筑的彩铅表现

园林建筑是建造在园林和城市绿化带内供人们游憩或观赏用的建筑物，常见的有亭、榭、廊、阁、轩、楼、台、舫、厅堂等。通过训练帮助学生掌握运用彩铅表现景亭的能力，并从中学习景亭在园林中的着色技巧。

步骤1：画好线稿，注意画面的构图、透视和设计等相关因素。在画亭子时，要表现出它的稳定感和庄重感，而不能显得平板轻薄（图5-6-1）。

❖ 图 5-6-1

步骤2：铺大色块。在作画过程中要注意冷暖的衔接和明暗的对比，注意亭子的材质和纹理（图5-6-2）。

❖ 图 5-6-2

步骤3：进一步深入刻画。石阶小径、芦苇草丛、倒影等，都要采取不同的技法真切地表现出来。芦枝的彩铅着色排列要画出参差疏密的效果，使其蓬松而自然（图5-6-3）。

❖ 图 5-6-3

步骤4：近处植物着色时要偏冷些，和建筑形成冷暖对比，用黑色铅笔适当加强轮廓线，突出形体，增加细节。用沉稳的颜色来过渡冷暖色（图5-6-4）。

❖ 图 5-6-4

作品赏析

园林建筑的彩铅表现见图 5-6-5。

❖ 图 5-6-5

模块 6 马克笔加彩铅

6.1 马克笔基础知识

6.1.1 马克笔的工具

马克笔加彩铅绘画的主要工具有：马克笔、彩色铅笔、针管笔、马克纸、直尺等。

6.1.2 马克笔的基本画法

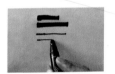

❖ 图 6-1-1　　　　❖ 图 6-1-2

马克笔在绘画时需要调整画笔的角度和笔头的倾斜度，以达到控制线条粗细变化的笔触效果。

马克笔绘画时笔头方向有以下三种。

（1）笔头横画，能画出粗的线条（图 6-1-1）。

（2）笔头侧画，能画出窄的线条（图 6-1-2）。

（3）笔头反过来画，能画出细的线条（图 6-1-3）。

❖ 图 6-1-3

植物表现可运用排笔、点笔、跳笔、晕化、留白等方法，暗面可结合"谷"字和"品"字用笔方法（图6-1-4）。

"谷"字用笔法

❖ 图 6-1-4

"品"字用笔法

在学习马克笔绘画时，可以利用长方形、长方体进行马克笔涂色练习。如：

（1）在长方形基础上进行笔触排线练习（图 6-1-5）。

（2）组织线条的渐变练习（图 6-1-6）。

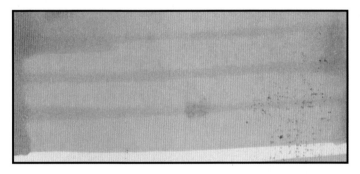 

❖ 图 6-1-5   ❖ 图 6-1-6

（3）利用倾斜角度画长方体侧面练习（图 6-1-7）。

（4）利用方向和疏密进行叠加练习（图 6-1-8）。练习时，用笔速度要快、肯定、有力度。

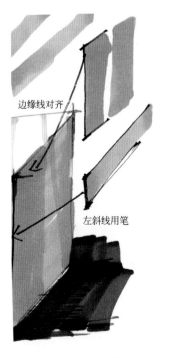 

❖ 图 6-1-7   ❖ 图 6-1-8

6.2 以园林雕塑为主体的马克笔加彩铅表现

园林雕塑通过艺术形象可反映一定的社会时代精神，表现一定的思想内容，既可点缀园景，又可成为园林某一局部甚至全园的构图中心。学生通过训练能学会运用马克笔对园林雕塑的绘画能力，并从中学习园林雕塑绘画的要领。

❖ 图 6-2-1

步骤1：确定景物受光的位置和冷暖关系。要按从远到近、从浅到深、从虚到实的顺序进行着色。抓住基本调子，用浅色铺出受光面的最亮部分，留出高光，重点掌握色阶的衔接过渡。马克笔是一种快速表现的工具，用笔要简练，不应烦琐（图6-2-1）。

步骤2：先画中景的雕塑颜色，再画近景植物、地面、景墙，要反复推移完成。马克笔的笔触具有丰富的表现力，初学者可以利用马克笔的笔触有力地表现空间、体感、形态等画面的要素（图6-2-2）。

❖ 图 6-2-2

步骤3：进一步画中景的雕塑。在浅色基础上继续覆盖较深重的颜色。并且要注意色彩之间的相互和谐，忌用过于鲜亮的颜色，应以中性色调为宜（图6-2-3）。

❖ 图　6-2-3

步骤4：集中刻画最突出的近景植物和雕塑，用最果断的笔法把握微妙色彩的变化，然后再用彩铅调整草坪和景物的形体结构与形象特征。在色彩配置上，应尽量使用同类色系搭配，补色尽量少，或者使用彩铅弥补冷暖关系（图6-2-4）。

❖ 图　6-2-4

作品赏析

马克笔加彩铅表现作品见图 6-2-5~ 图 6-2-10。

❖ 图　6-2-5

❖ 图　6-2-6

❖ 图　6-2-7

任金妹 2017 . 11　❖ 图　6-2-8

图 6-2-9

图 6-2-10

参 考 文 献

[1] 马克辛.诠释手绘设计表现 [M].北京：中国建筑工业出版社，2006.

[2] 毛文正，郭庆红.景观设计手绘表现图解 [M].福州：福建科学技术出版社，2007.

[3] 石宏义.园林设计初步 [M].北京：中国林业出版社，2006.

[4] 王晓俊.风景园林设计 [M].南京：江苏科学技术出版社，2001.

[5] 谢尘.建筑场景快速表现 [M].武汉：湖北美术出版社，2007.

[6] 张淑英.园林制图 [M].北京：中国科学技术出版社，2003.